世界の美しい飛んでいる鳥

Flying Birds Flying Beauty

愛蔵ポケット版

X-Knowledge

ヨーロッパシジュウカラ

学名：*Parus major*
シジュウカラ科

全長14cmの小鳥です。西ユーラシア大陸に広く分布していて、一部はアフリカにもいます。日本にいるシジュウカラとは近縁種で、胸からお腹にかけて黄色い点が異なります。山から都会の公園まで樹木があればどこにでもいる、とても身近な鳥です。枝から枝へと飛び移りながら食べ物となる昆虫や木の実を探す元気な姿が一年中見られます。

ウソ

学名：*Pyrrhula pyrrhula*
アトリ科

ウソというちょっと変わった名前がついた小鳥です。日本の古い言葉では口笛を「うそ」といい、この鳥の鳴き声が口笛に似ていることからこの名前がついたといわれています。ヨーロッパから日本までユーラシア大陸の広い地域に棲んでいて、オスは地域によって、胸からのお腹にかけての赤い色の濃さが違っています。その部分が特に濃い赤色の鳥は、ベニバラウソと呼ばれ、ごくまれに日本にもあらわれることがあります。

アカフトオハチドリ（オス）

学名：*Selasphorus rufus*
ハチドリ科

全長8cmのハチドリ。喉が鮮やかなオレンジ色のこの写真の鳥はオスです。もっとも北で繁殖するハチドリで、アラスカ南部からオレゴン州にかけての北米大陸西海岸で子育てをします。花がなくなる秋には移動を開始し、メキシコの針葉樹の森で越冬します。繁殖地と越冬地の距離は約3,600kmもあり、10cmにも満たないこんな小さな鳥が、毎年そんな大旅行をしているとは驚きです。

アカフトオハチドリ（メス）

学名: *Selasphorus rufus*
ハチドリ科

メスのアカフトオハチドリは、オスよりも赤みがなく比較的地味な色合いです。この鳥が分布する北米西海岸では普通に見られるハチドリで、庭の園芸植物の花にも蜜を求めて訪れます。また、ジュースを入れたハチドリ用の餌台にもよくきます。とても気が強い性格のためか、ほかの種類のハチドリが近づくと執拗に追い払ってしまい、庭を独占してしまうことがあります。

ゴシキノジコ

学名：*Passerina ciris*
ショウジョウコウカンチョウ科

まるで子供の塗り絵のような色彩で、人が品種改良したペットのようですが、れっきとした野生の鳥です。渡り鳥で、夏はテキサス州を中心としたアメリカ南東部からメキシコの比較的限られた地域で繁殖し、冬は中米の熱帯または亜熱帯で越冬しています。また、ごく少数がフロリダ半島でも越冬しています。繁殖地では庭の餌台にもくる身近な鳥でもあります。きれいな色はオスだけの特徴で、メスは全身オリーブ色の地味な色彩です。

ゴシキノジコ

学名：*Passerina ciris*
ショウジョウコウカンチョウ科

赤、青、黄、緑と色見本のようなゴシキノジコ。神様が生き物を作ったときに、最後になったこの鳥には、あまった色を全部塗ったという言い伝えがあります。しかし、この美しい色彩が災いし、ペットにするためにたくさんの鳥が捕まえられ犠牲になっています。たとえば1841年、アメリカの鳥類学者オーデュボンは、毎春何千羽も、ニューオリンズからヨーロッパに売られていったと報告しています。越冬地の中南米では、現在も違法な捕獲が続けられています。

シロアジサシ（ひな）

学名：*Gygis alba*
カモメ科

親の帰りを待つシロアジサシのひなです。シロアジサシは、世界中の熱帯や亜熱帯の島で繁殖するアジサシの仲間です。巣を作る習性がなく、木の横枝、倒木の上、岩棚にごろんと無造作に卵を産みます。卵からかえったひなは、木の枝に止まって、親が食べ物を運んでくるのを待ちます。爪が鋭く、枝をしっかりつかむことができるので落ちる心配はほとんどありません。

シロアジサシ

学名 : *Gygis alba*
カモメ科

こちらは親鳥。大きさは30cmほどで、全身のほとんどが純白の美しい鳥です。熱帯や亜熱帯の島に生息するアジサシで、日本では1922年に南鳥島で繁殖した記録があり、ごくまれに台風などの暴風雨によって運ばれた鳥が本州で見つかることがあります。夜明けや夕暮れの薄暗いときに小魚やイカなどをとって食べます。暗い時間でも見えるよう、比較的目が大きく発達しています。

フキナガシハチドリ

学名 : *Trochilus polytmus*
ハチドリ科

西インド諸島のジャマイカにだけ生息する固有のハチドリです。オスは長さ17cmにもなる2枚の長い尾羽をひらめかせながら、優雅に舞うように花の蜜を吸います。メスには長い尾羽はありません。

テンニンチョウ

学名：*Vidua macroura*
テンニンチョウ科

アフリカ大陸サハラ砂漠以南の広い地域に分布する鳥です。サバンナのような開けたところに生息しています。写真左側の尾羽が長い鳥がオス。尾羽の長さは20cmほどもあります。右の枝に止まっている地味な鳥がメスです。ちょうど今、オスは自慢の長い尾羽をメスに見せつけるように、目の前でホバリングしながら飛んで求愛をしているところです。

カザリキヌバネドリ

学名：*Pharomachrus mocinno*
キヌバネドリ科

カザリキヌバネドリという名前よりも「ケツァール」という現地での呼び名のほうが有名な、世界でも一二を争う美麗種です。メキシコ南部からパナマにかけての山岳地帯に生息しています。オスの尾羽はとても長いように見えますが、尾羽とは異なる上尾筒（じょうびとう）という部分の羽が長く伸びています。写真は樹木の穴の巣からオスが出てきたところです。じょうぶなくちばしで腐った樹木の幹に穴をあけて巣を作ります。グアテマラの国鳥で、この鳥の名前「ケツァール」は国の通貨単位になっています。

ヨーロッパハチクイ

学名 : *Merops apiaster*
ハチクイ科

全長30cmほどのスマートな小鳥です。夏は地中海沿岸から西アジアまで、ときにはヨーロッパの北部でも繁殖します。名前の通りハチが大好物です。ほかにもハエやトンボなど飛んでいる昆虫ならば、ぱっと飛びついて捕らえてしまいます。寒くなる冬は餌となる昆虫が姿を消すので、昆虫がいるアフリカまで渡って越冬します。写真は止まり木を巡って争っているところです。

ゴシキヒワ

学名：*Carduelis carduelis*
アトリ科

ヨーロッパや北アフリカ、中央アジアなどで普通に見られる小鳥です。また、人が放した鳥がニュージーランドやオーストラリアで野生化しています。全長は12cmほどです。写真は、餌場を巡って争っているところです。姿が美しいだけではなく、鳴き声も美しいので昔からペットとして飼育されてきました。おもに草の種を食べます。

オオハナインコ（メス）

学名：*Eclectus roratus*
インコ科

全長35cmほどの中形のインコの仲間。インドネシアの小スンダ列島、ニューギニア、ソロモン諸島、オーストラリア北部ヨーク半島などの広い地域に生息しています。オオハナインコという名前は、くちばしが大きな鼻のように見えるのでつきました。果物が好きで、イチジクやパパイアなどを食べています。

オオハナインコ

学名 : *Eclectus roratus*
インコ科

この鳥はオスとメスでまったく色彩が異なります。右の赤い鳥がメス、左の緑色の鳥がオスです。あまりにも色が違うので、発見された明治時代にはまったく別の種類と考えられていました。いったいなぜここまで色が違うのか、その理由はまだよくわかっていません。人によく慣れるので、飼い鳥として人気があります。

ルビートパーズハチドリ

学名：*Chrysolampis mosquitus*
ハチドリ科

宝石の名前がついたハチドリ。頭の赤がルビー、顔から胸にかけて輝く黄金色はトパーズ、まさに飛ぶ宝石といった表現がふさわしい鳥です。コロンビア、ベネズエラ、ブラジルに分布しています。生息環境はとても広く、森林の縁や灌木の広がる荒れ地、草原などいろいろで、ときには庭の園芸植物の花やハチドリ用の餌台にもやってきます。こんな美しい鳥が庭にやってくるなんてうらやましいです。

ミナミベニハチクイ

学名:*Merops nubicoides*
ハチクイ科

この鳥は、野火が起きると集まる習性があります。草原が炎につつまれると、熱さでたまらず昆虫が飛び出してきます。この鳥はそのことを知っていて、飛び出した昆虫を難なく捕らえます。他にも地面を歩く大形の鳥の背中に乗って、驚いて飛び出すバッタなどを食べる習性も知られています。

スミレコンゴウインコ

学名：*Anodorhynchus hyacinthinus*
インコ科

世界最大のインコの仲間。全長1m、体重は1.5kgほどになります。アマゾン川流域の乾燥した森に生息しています。おもな食べ物が数種のヤシの実に限られているため、そのヤシが生えていない場所には棲むことができません。また、美しい鳥のためペットとしても人気があり、これまでに多くが捕獲されてきました。現在では絶滅が心配されるほど減っていて、ワシントン条約で商取引が禁止されています。

キバタン

学名：*Cacatua galerita*
オウム科

オーストラリア北部から東部にかけての広範囲に生息しているオウムです。樹木があれば普通に見られ、街中の公園でも観察することができます。ひなのうちから飼育すると、人の言葉をとてもよく覚え、話しますが、野生状態で物まねすることはありません。とても長生きする鳥で、飼育下では100年近くも生きた記録があります。

アンナハチドリ

学名:*Calypte anna*
ハチドリ科

アメリカ西海岸ではもっとも普通に見られるハチドリで、公園や庭の花をよく訪れます。しかし、20世紀のはじめまで、この鳥は南カリフォルニアからバハ・カリフォルニア北部の一部にしか生息していない鳥でした。その後、人々が庭や公園にエキゾチックな園芸植物やユーカリを植えたことで、徐々に生息範囲が広がり、現在のような広い地域で見られるようになりました。

アンナハチドリ

学名 : *Calypte anna*
ハチドリ科

喉から額にかけてピンク色に輝くこの鳥はオス。1秒間に80回以上という猛烈なスピードで羽ばたくことができ、前後左右どの方向にも自由に移動することができます。求愛のときには、メスの前でホバリングしたあとに、高さ40m近くまで急上昇と急降下を繰り返すアクロバット飛行を繰り広げます。その急降下のときには口笛のような音がしますが、最近の研究で、急降下の速度が時速65km以上になると尾羽が震動し、この音が出ることがわかりました。

ライラックニシブッポウソウ

学名 : *Coracias caudatus*
ブッポウソウ科

おもにアフリカ中部に分布する鳥です。全長30cmほどで、ブッポウソウの仲間では小さいほうです。アカシアが生えているサバンナがおもな生息地で、たとえばケニアなどの国立公園のロッジでも普通に見られます。樹木のてっぺんに止まっていることが多く、見つけるのはとても簡単。アフリカの強烈な太陽光線に照らされて、その美しい姿がいっそう際立ちます。ボツワナの国鳥です。

ライラックニシブッポウソウ

学名：*Coracias caudatus*
ブッポウソウ科

世界にブッポウソウの仲間は12種いますが、どれもが美しい姿の鳥ばかり。なかでも、このライラックニシブッポウソウは、14もの色があるといわれるほどの美麗種です。日本にもブッポウソウ1種が夏鳥として渡ってきて子育てをします。しかし、美しい姿とは裏腹に、昆虫、トカゲ、サソリ、ヘビなど、悪食ぶりを発揮します。

インドクジャク

学名：*Pavo cristatus*
キジ科

あまり空を飛ぶイメージがないクジャクですが、危険が迫ったときなどは羽ばたいて飛びます。ただし、それほど長距離を飛ぶことができません。飛ぶときは長い飾り羽はたたまれています。写真をよく見ると長い飾り羽の下に尾羽が見えます。飾り羽は尾羽のつけ根を包むように生えている上尾筒（じょうびとう）という羽が伸びてできています。尾羽は飛行時にブレーキの役割をするため、飛行にはあまり影響のない上尾筒が伸びて求愛用に進化したのです。

インドクジャク

学名：*Pavo cristatus*
キジ科

インドの国鳥であるインドクジャク。豪華な飾り羽を持つのはオスの特徴です。現在のクジャクのオスがこんなに美しいのは、メスが美しいオスを選び続けた結果。とくに飾り羽にある目玉模様がよりたくさんあるオスがメスにモテるという説があります。さらに最新の研究では、容姿だけでなく、よりたくさん鳴くオスもメスに好まれることがわかっています。

ズグロミツドリ

学名：*Chlorophanes spiza*
フウキンチョウ科

南メキシコからブラジルにかけて分布する、全長14cmほどの大きさの美しい小鳥です。標高の低い湿った森林に生息しています。ミツドリの仲間は、名前の通り花の蜜がおもな食べ物ですが、この鳥は蜜よりも果実をよく食べることが知られています。

キバラタイヨウチョウ

学名：*Cinnyris jugularis*
タイヨウチョウ科

巣作り中のメスです。巣の外側はできあがり、内側の卵を置くところに敷くやわらかい巣材を運んできたところです。東南アジアやニューギニア島、オーストラリア北東部に広く分布する鳥です。タイヨウチョウの仲間は、花の蜜がおもな食べ物ですが、ハチドリのように自由自在に飛べる飛行術はなく、枝に止まったりして蜜を吸います。

ムラサキフタオハチドリ

学名：*Aglaiocercus coelestis*
ハチドリ科

かつて本種はアオフタオハチドリの亜種と考えられていましたが、分布域や行動などに違いがあり、現在では別種とされています。普通は、標高1,000mほどのこけむした湿った森やその周辺で見られますが、蜜を吸う花の開花時期に合わせて生息する標高を変えることが知られています。また、花の蜜だけではなく、小さな昆虫を捕まえて食べることもします。ホバリング飛行のときは翼を八の字にはばたいており、この写真では翼がねじれていることがよくわかります。

アオミミハチドリ

学名 : *Colibri coruscans*
ハチドリ科

ベネズエラからアルゼンチンまで、アンデス山脈でもっとも広い地域に分布するハチドリです。全長15cmほどで、ハチドリとしては大きなほうです。名前の通り、耳の位置の羽毛は青く輝き、求愛のときや興奮したときに広げます。深い森に棲むハチドリではなく、開けた場所を好みます。また。外来種であるユーカリの花の蜜もよく吸うので、分布がさらに広がっています。

ギンザンマシコ（オス）

学名：*Pinicola enucleator*
アトリ科

北半球の北部に広く分布するアトリ科の鳥です。ムクドリほどの大きさの鳥で、全長は22cmほどです。オスは鮮やかな赤色が印象的な美しい姿をしています。ギンザンという変わった名前は、漢字では「銀山」と書き、これは別種のオオマシコの頭部が銀色に見えることに由来します。江戸時代にオオマシコとギンザンマシコが混同されて、頭部が銀色に見えるオオマシコに本来つけられるはずの名前が、誤ってギンザンマシコにつけられたと考えられています。一方、マシコは「猿子」と書き、オスの赤い姿がサルの赤い顔をイメージすることからつけられました。

ギンザンマシコ（メス）

学名：*Pinicola enucleator*
アトリ科

メスは赤みがなく、全体的に暗い黄色い姿をしています。北半球に広く分布し、針葉樹林に生息しています。とくにハイマツの実を主食としているので、ハイマツがあるような場所で繁殖をしています。日本ではハイマツがよく発達している北海道の大雪山などで繁殖が確認されています。また、年によっては市街地でも姿を見ることができ、たとえば冬の札幌では、街路樹のナナカマドの実を食べるところが観察できます。

ルビートパーズハチドリ

学名 : *Chrysolampis mosquitus*
ハチドリ科

ブンブンと昆虫のハチが羽ばたくような音がすることから名前がつけられたハチドリ。英名では、同様にその羽音から「ハミングバード」と呼ばれます。南北アメリカ大陸には約300種が生息し、この地域の鳥では2番目に大きなグループです。体のつくりが花の蜜を吸うことに特化しており、飛びながら花の蜜が吸えるように、前後左右自由自在に飛ぶことができます。そのため、普通はあまり発達していない、翼を上方向に羽ばたかせる筋肉がとても大きくなっています。これはハチドリだけの特徴です。

ツメナガセキレイ

学名:*Motacilla flava*
セキレイ科

ユーラシア大陸の広い地域で繁殖し、冬はアフリカや東南アジアで越冬するセキレイの仲間です。日本にも渡りの途中に姿を見せ、北海道の一部では繁殖しています。地域によって色彩に変化があり、10の亜種に分けられています。写真の鳥はおもにヨーロッパで見られる亜種のオスです。

ハシボソキツツキ

学名：*Colaptes auratus*
キツツキ科

北米に広く分布するキツツキです。大部分の地域では一年中見られる鳥ですが、北極に近い地方では冬にはいなくなります。とても身近なキツツキで、街中の公園でも見られます。巣はおもに枯れた木に穴を開けて作りますが、一度使った巣を次の年も使うことがあり、これはほかのキツツキではあまり見られない習性です。甲虫の幼虫やアリが大好物で、ときには地面に降りてアリを食べることもあります。

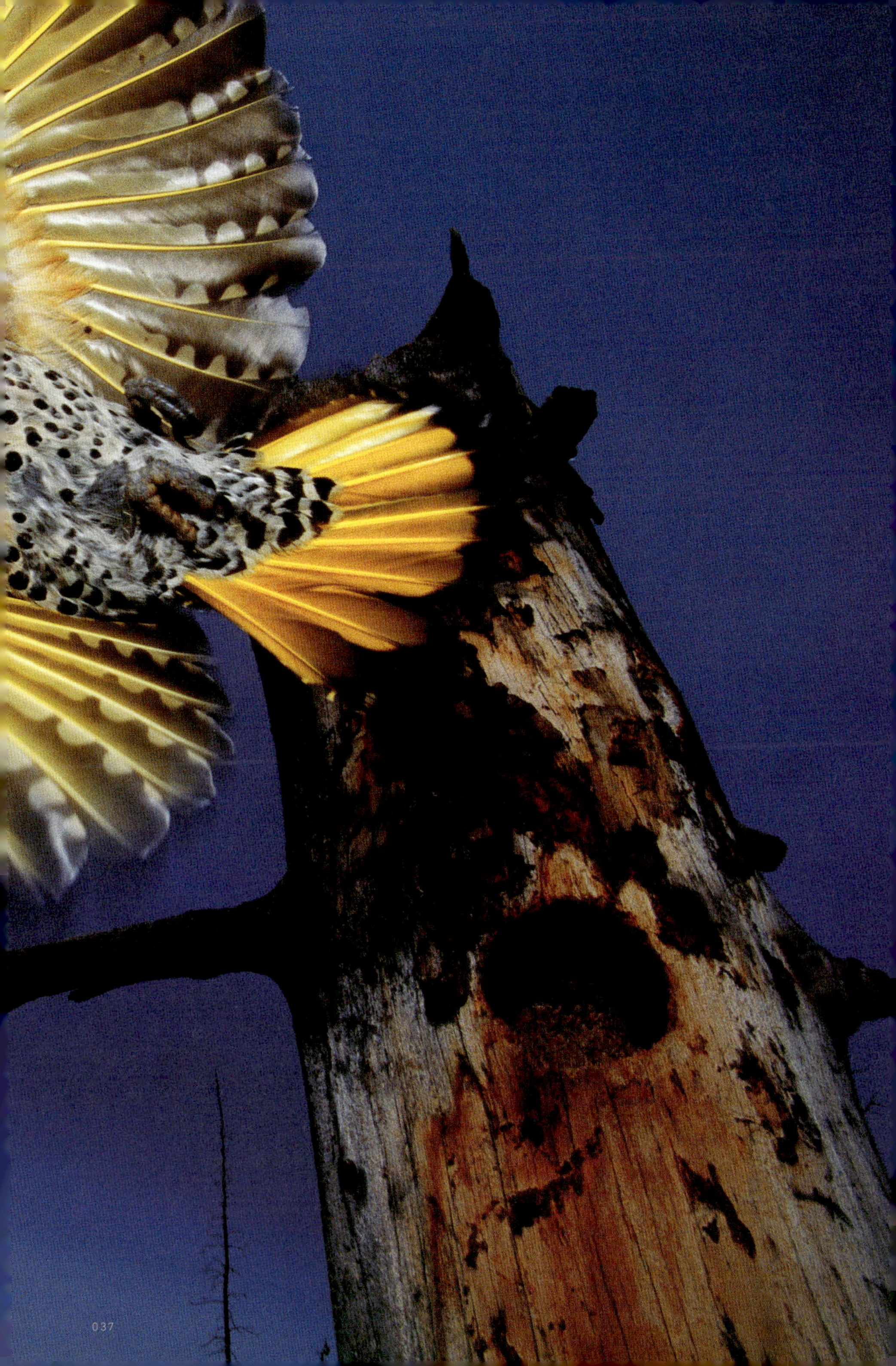

オニオオハシ

学名：Ramphastos toco
オオハシ科

ブラジルの国鳥です。オオハシの仲間では最大種で全長60cmほどです。とても目立つ巨大なくちばしは20cmほどで、体の3分の1もあります。この巨大なくちばしで、木の枝の先のほうになっている果実を器用につまみとって食べます。くちばしはとても重そうですが、内部はハチの巣のような構造になっていて、とても軽くできています。また、最近の研究では、くちばしには血管が張り巡らされており、血液の流量を調節することで体温の上昇を防ぐ仕組みがあることがわかっています。

シロムネオオハシ

学名：*Ramphastos tucanus*
オオハシ科

アマゾンの熱帯雨林に生息する大形のオオハシです。高い木のてっぺんのほうから聞こえる大きな声は、アマゾンのジャングルを象徴する声です。オオハシの仲間は中南米の熱帯雨林に生息し、34種が知られています。脚の指は前向き2本、後ろ向き2本になっていて、これはキツツキに近い仲間の特徴です。大きなくちばしが目立ちますが、なぜこんな形をしているか、今ひとつその理由がはっきりとしていません。細くて止まることができない枝先にある果実にも、長いくちばしならば届いて食べられるからという説があります。果実以外にもトカゲなどの小動物や鳥の卵やひなも食べます。

アカビタイムジオウム

学名 : *Cacatua sanguinea*
オウム科

オーストラリアとニューギニア島南部に生息する全長38cmほどの中形のオウムです。とても大きな群れをつくるオウムで、32,000羽の大群の記録があります。おもな食べ物が植物の種なので、農作物を食い荒らす害鳥になることもあります。

ヤシオウム

学名：*Probosciger aterrimus*
オウム科

全長60cmもある大形のインコです。ニューギニア島とオーストラリア・ヨーク半島の一部に棲んでいます。大きな上くちばしは10cmほどもあり、堅い木の実でも簡単に割って食べることができます。飛ぶための胸の筋肉が発達していないので、あまりよく飛べません。オウムとインコは近い仲間ですが、オウムは全身が白や黒など単色の種が多く、インコは色とりどりの色彩豊かな種が多いという違いがあります。

アオガラ

学名：*Cyanistes caeruleus*
シジュウカラ科

おもにヨーロッパで見られる日本のシジュウカラに近い小鳥です。森林はもちろん、庭や公園などでも普通に見られるとても身近な鳥です。この写真の鳥は、水に映った自分の姿を縄張りに侵入したライバルと勘違いして、追い払おうとしています。

ヨーロッパシジュウカラ

学名 : *Parus major*
シジュウカラ科

身近なこの鳥には、人と関係するおもしろい観察例があります。イギリスのある地方で、何者かによって勝手に牛乳瓶の蓋が開けられるという珍事件が発生。調べてみるとシジュウカラが開けて飲んでいたことがわかりました。この行動は最初はごく限られた地域の限られた個体でしか見られなかったのですが、だんだんあちこちで観察されはじめ、何年かあとにはイギリス全土に行動が伝播して広まったことがわかっています。

キガシラムクドリモドキ

学名：*Xanthocephalus xanthocephalus*
ムクドリモドキ科

北米に棲む小鳥です。夏はヨシやガマが生える湿地に巣を作り、冬はものすごい大群となって農耕地などで越冬します。この写真の鳥はオスで、枯れヨシに止まり鳴きながら縄張りを主張しているところです。この鳥は一夫多妻で、なかには8羽もの妻を持つオスがいます。

キイロアメリカムシクイ

学名：*Setophaga aestiva*
アメリカムシクイ科

アメリカムシクイの仲間は、南北アメリカだけに棲む10〜19cmほどの小鳥で、116種が知られています。黄色い種が多く、なかには赤く派手な色をしたものもいます。小さな体をいかして小枝に止まり、葉に隠れている昆虫を探して食べるのが得意です。ムシクイという名前がついていますが、日本で見られるムシクイ類との類縁関係はまったくありません。オスは繁殖期に縄張り宣言のために、美しい声でさえずります。

ショウジョウコウカンチョウ

学名：*Cardinalis cardinalis*
シジュウカラ科

アメリカ東部・南部とメキシコに分布する、全長21cmほどの鳥です。ハワイにも人が放して野生化した鳥がいます。森林、農耕地などいろいろな環境で見られ、街中の公園や庭でも普通に出会います。餌台にも集まり、ヒマワリの種などをよく食べます。写真左の濃い赤色の鳥がオス、右の枝先に止まっている鳥がメスです。

ナツフウキンチョウ

学名：*Piranga rubra*
ショウジョウコウカンチョウ科

子育てのため、夏にアメリカ南部と東部へ渡ってくる小鳥です。オスはくちばし以外の全身が真っ赤で、バードウオッチャーあこがれの鳥でもあります。冬は中南米に渡って越冬します。昆虫を食べますが、なかでもハチやスズメバチを専門に狙います。

コキンチョウ

学名 : *Erythrura gouldiae*
カエデチョウ科

オーストラリア北部の一部に棲む全長14cmほどの小鳥です。オスもメスも野生の鳥とは思えない色彩豊かな配色です。普段は樹木がまばらに生えているような荒れ地に棲み、草の種をついばんで暮らしています。非繁殖期は大規模な群れになります。このように美しい色彩ですから、飼い鳥としてとても人気がありますが、現在では野生個体の捕獲は禁止されています。

ムジルリツグミ

学名：*Sialia currucoides*
ツグミ科

北米西部で繁殖する全長18cmほどのツグミの仲間。英名では「マウンテン・ブルーバード」と呼ばれ、その名の通り、オスは全身が美しいスカイブルーの青い鳥です。この写真の鳥は木の幹に開いた穴の巣に戻るところです。キツツキの古巣などを利用しますが、巣箱もよく使います。おもに昆虫を食べますが、枝先にとまって飛んでいる昆虫を見つけ、ぱっと飛びついて捕らえます。したがって、昆虫が冬にいなくなる場所に棲む鳥は、秋にはメキシコなどの暖かい場所に移動して過ごします。

キジ

学名：*Phasianus versicolor*
キジ科

日本の国鳥です。本州、四国、九州に分布する日本の固有種です。渡りをする習性がなく一年中同じ場所で暮らしています。オスは派手な色彩と長い尾羽が特徴です。メスは褐色のまだら模様でとても地味な色をしています。開けた場所を好み、農耕地や河川敷などで見られますが、木々が生い茂る山の中には普通はいません。キジは漢字で「雉」と書きますが、これは矢のように飛ぶ鳥という意味で、驚いて一直線に飛び出す姿を実によく表しています。

エンビタイランチョウ

学名：*Tyrannus forficatus*
タイランチョウ科

アメリカ南部で繁殖し、中米で越冬する鳥です。28cmほどある全長の半分以上を長い尾羽がしめます。この鳥の英名は「シザー・テールド・フライキャッチャー」といい、二つに分かれた長い尾羽を広げて飛ぶ姿は、まさにシザー（ハサミ）のようです。草原や農耕地などの開けた環境で見られ、飛んでいる昆虫を見つけると飛びついて捕まえます。

シュバシコウ

学名 : *Ciconia ciconia*
コウノトリ科

ヨーロッパや中央アジアで繁殖し、インドやアフリカで越冬するコウノトリの仲間で、全長1mほどもあるとても大きな鳥です。かつては日本やアジアに生息するコウノトリと同種と分類されていましたが、現在では別種であるとされています。アジアのコウノトリのくちばしは真っ黒なのに対して、この鳥はくちばしが赤いことから、「朱嘴鸛（しゅばしこう）」と名づけられました。

トサカレンカク

学名：*Irediparra gallinacea*
レンカク科

インドネシア、ニューギニア、オーストラリア北部に棲む鳥です。レンカクの仲間は、脚のすべての指がとても長くなっているのが大きな特徴です。これはスイレンなどの水面に浮く植物の上を歩くときに沈まないよう、体重を分散させる働きをします。

ムネアカコウカンチョウ

学名：*Cardinalis sinuatus*
ショウジョウコウカンチョウ科

アメリカ南部からメキシコにかけて生息し、全長は21cmほどです。砂漠や農耕地などの開けた場所を好みます。おもに昆虫や種を食べています。

モモイロインコ

学名：*Eolophus roseicapilla*
オウム科

オーストラリアのほぼ全土で見られる中形のオウムです。木々があまり生えていない開けた環境を好むため、森林伐採の影響により個体数を増やし、街中の公園でも普通に見られます。人によく馴れるため、飼い鳥としても人気があります。英名は「ガラー」といい、これは先住民族アボリジニによる呼び名をそのまま採用したものです。

カササギ
学名：*Pica pica*
カラス科

ユーラシア大陸に広く分布する全長45cmほどのカラスの仲間です。日本では佐賀県周辺で安土桃山時代に人によって持ち込まれたカササギが野生化しています。樹木や電柱に枝を使ったドーム状の大きな巣を作ります。佐賀県の個体群は天然記念物に指定されています。韓国の国鳥です。

カササギ

学名：*Pica pica*
カラス科

佐賀県では、鳴き声が「カチカチ」と聞こえることから、「カチガラス」という名で親しまれています。日本では近年、新潟や北海道・苫小牧にもカササギが生息しはじめており、苫小牧の個体群は拡大傾向にあります。これらの鳥は、船によって運ばれてきた可能性が高いと考えられています。中国の七夕伝説では、天の川に橋を架けるのはこの鳥であるとされています。

ヨーロッパハチクイ

学名 : *Merops apiaster*
ハチクイ科

ハチクイの仲間は世界で25種いて、そのどれもがハチが大好物です。ヨーロッパハチクイは、1日におよそ250匹のハチを食べるそうです。また、スペインでの観察では餌の約7割がミツバチだったという記録があります。ハチには針がありますが、硬い地面や枝にこすりつけて殺してから食べるので、刺されることはありません。

エンビハチクイ

学名：*Merops hirundineus*
ハチクイ科

アフリカ中西部や南部に分布する全長23cmほどの鳥です。「燕尾」という名前の通り、ツバメのように二股に分かれた比較的長めの尾羽が特徴です。ほかのハチクイは大集団でコロニーを作って繁殖しますが、この鳥はあまり大きな群れを作らず、少数が集まって子育てをします。

ヒメヤマセミ

学名 : *Ceryle rudis*

アフリカ、インドから中国南部にかけて分布するカワセミの仲間です。日本に生息しているヤマセミよりはやや小さくて全長25cmほどです。空中で停止飛行して狙いを定め、水中にダイビングして魚を捕らえます。

カッショクペリカン

学名：*Pelecanus occidentalis*
ペリカン科

南北アメリカ大陸の海岸に生息するペリカンです。ペリカンのなかでは一番小形の種類ですが、それでも翼を広げた大きさは2mほどもあります。水中の魚めがけてダイビングし、大きなくちばしを広げて捕らえます。アメリカ合衆国ルイジアナ州の州鳥です。

カワセミ

学名：*Alcedo atthis*
カワセミ科

真っ逆さまに水中に飛び込んで魚を捕まえるカワセミです。ユーラシア大陸、アフリカ、東南アジア、メラネシアなど、とても広い地域に分布しています。日本でも全国の水辺で見られます。1970年代は水質汚染によって都市部から姿を消しましたが、最近は大都会の公園の池でも美しい姿を見ることができるようになりました。

カワセミ

学名：*Alcedo atthis*
カワセミ科

水中に勢いよくダイビングして魚を捕らえるカワセミは、とがった長いくちばしと一体になった流線型の頭、短い脚など、できるだけ水の抵抗が少なくなる体のつくりをしています。このフォルムを模倣して作られたのが新幹線500系といわれますが、より空気抵抗が少なくなるように車両を設計したら、カワセミとよく似たフォルムになったというのが真相です。

ミドリハチドリ

学名：*Colibri thalassinus*
ハチドリ科

メキシコから南米アルゼンチンまでアンデス山脈に生息するミドリハチドリは、四つの亜種に分類され、微妙に色彩が異なります。ハチドリの水浴びは、飛びながらダイビングする方法で行われ、羽毛についた汚れや寄生虫を洗い流し、健康を保ちます。

サンコウチョウ

学名：*Terpsiphone atrocaudata*
カササギヒタキ科

飛びながら水を浴びるサンコウチョウのオスです。北海道を除く日本、台湾、フィリピンで繁殖する鳥で、中国南部からスマトラ島で越冬します。オスは30cmもある長い尾羽を持ち、月日星（ツキヒホシ）と聞こえる鳴き声を発することから三つの光（三光鳥）という意味の名前がつきました。

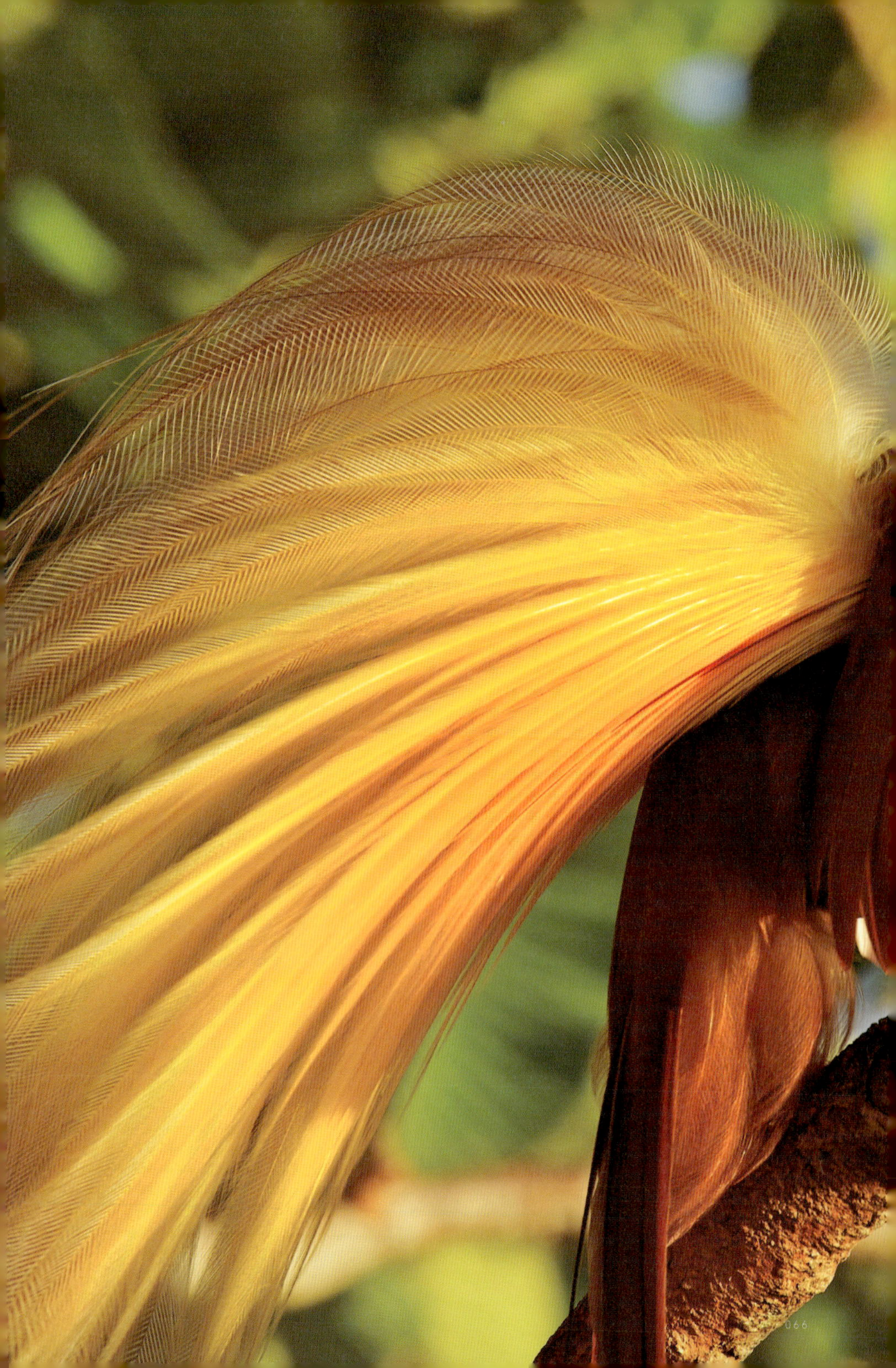

オオフウチョウ

学名：*Paradisaea apoda*
フウチョウ科

全長43cmほどの大形のフウチョウです。ニューギニア島の広い範囲に分布していますが、生息地は限定的です。高い木の枝先に踊り場があって、早朝に数羽のオスが鳴きながら飾り羽を広げて求愛の踊りをします。パプアニューギニアの国鳥です。

ベニフウチョウ

学名: *Paradisaea rubra*
フウチョウ科

ニューギニア島西部、インドネシア領のワイゲオ島などのいくつかの島にしか分布しない、とても珍しいフウチョウです。海岸部から標高600mほどの高さまでの森林に生息しています。オスは高い木の枝に逆立ちするように止まり、翼を広げて求愛のポーズをします。

ヒヨクドリ

学名：*Cicinnurus regius*
フウチョウ科

美しい飾り羽のフウチョウには、その羽毛を目当てに乱獲された歴史があります。1919年には12万羽以上という大量の剥製が、ニューギニアからパリ経由で輸出されたこともありました。16世紀中頃からヨーロッパに輸入された剥製は、すべて脚が切り落とされていたため、ヨーロッパの人々は一生飛び続け、けっして休息をしない「天国の鳥（バード・オブ・パラダイス）」と考えたそうです。また、一生を風に乗って生活する鳥であると思われたことから、「極楽鳥」とも「風鳥（フウチョウ）」とも呼ばれるようになりました。

カンザシフウチョウ
学名：Parotia sefilata
フウチョウ科

ニューギニア島西部のごく限られた地域のみに生息する、大変珍しいフウチョウの仲間です。写真は枝に止まっているメスに、オスが求愛のダンスを見せているところで、飾り羽を広げているオスは、とても鳥とは思えない姿をしています。頭部に生えている、針金の先に円盤がついたかんざしのような6本の飾り羽を揺らし、胸と肩の羽毛をスカートのように広げています。この姿を上から見ると、黒い円盤の中に、喉の羽が青色や黄色に輝いているように見え、それがメスを魅了するのです。写真で見ると小さな鳥に見えますが、ハトくらいの大きさで、全長33cmほどです。

ワキジロカンザシフウチョウ
学名：*Parotia carolae*
フウチョウ科

この鳥の求愛ダンスは、とても手が込んでいます。枝の上で頭を振ったり、ステップを踏みながら頭を八の字に揺らすなど、なんと6種類の振り付けがあります。写真は、一番の見せ場であるバレリーナダンスと呼ばれる踊りで、胸の羽をスカートのように広げ、バレリーナのように細かいステップを踏みながら踊っているところです。

アカミノフウチョウ

学名：*Diphyllodes respublica*
フウチョウ科

ニューギニア島の西部、ワイゲオ島とバタンタ島だけに生息する珍しいフウチョウ。全長は16cmほどで、フウチョウのなかでもっとも小さい種類です。地面の落ち葉などを取り除いた直径1mほどの踊り場を作り、そこに生えている細い木の幹に止まって求愛ダンスをします。その姿はまさにポールダンス。メスが近づいてくると、胸の飾り羽を扇のように広げてアピールします。頭には羽が生えておらず、皮膚の微細構造によって青く発色します。

アオフウチョウ

学名：*Paradisaea rudolphi*
フウチョウ科

ニューギニア中央東部の標高1,400〜1,800mの森林に棲んでいます。早朝、高い木のてっぺんで大きな声で鳴いてメスを呼びます。求愛ダンスは単独で行い、枝にぶら下がって脇の飾り羽を広げ、体を左右に振り動かします。学名のルドルフィは、ハプスブルク家のルドルフ大公の名前にちなんでつけられました。

ゴシキセイガイインコ
学名：*Trichoglossus haematodus*
インコ科

全長30cmほどの美しいインコ。赤、青、緑、黄、紫の5色の体色を持つことから「五色（ごしき）」という名前がつきました。インドネシア、パプア・ニューギニア、ニューカレドニア、オーストラリア北部および東海岸に広く分布しています。都市の公園などでも普通に見られ、人に馴れると手から餌を取ります。飼い鳥としても人気があります。

ルリコンゴウインコ

学名：*Ara ararauna*
インコ科

おもに南米アマゾン川流域のジャングルに棲む大形のインコです。基本的にはペアで行動しますが、ときには大群となることもあります。果実や植物の種を食べ、餌を求めて20km以上も飛んでいくことがあります。

コシジロインコ

学名：*Pseudeos fuscata*
インコ科

パプア・ニューギニアに棲む全長25cmほどのインコです。深い森からサバンナまで、あらゆる環境で見られます。名前の通り腰が白いのですが、体の大部分が赤黒く、あまりきれいな印象がないので、「ダスティー・ロリー（汚れたインコ）」という英名がつけられました。ときには数百羽もの大群となり、大きな羽音と鳴き声で周囲を圧倒します。

アカオクロオウム

学名 : *Calyptorhynchus banksii*
オウム科

オーストラリアの北部、東部、中央部、南西部とあちこちに生息地が分散しており、五つの亜種がいるオウムです。全長65cmほどの大形のオウムで、ユーカリの森に棲んでいます。黒い体に赤と黒の尾羽が印象的です。南西部の亜種はとても数が少なくなっています。

ホンセイインコ

学名：*Psittacula krameri*
インコ科

インドやスリランカと中央アフリカに棲む、全長40cmほどの中形のインコ。ローマ時代からペットとして飼われている鳥で、逃げ出して野生化したホンセイインコが、ロンドンやベルリンなど、世界中の都市で見られます。日本でも、ホンセイインコの亜種ワカケホンセイインコが東京などで見られ、目黒区には約800羽近くの鳥が集まって寝る場所があります。

コンゴウインコ

学名：*Ara macao*
インコ科

全長85cmほどにもなる巨大なインコ。アマゾン川流域や中米の熱帯雨林に棲んでいます。大きなくちばしは噛む力が強く、堅いヤシの実でも簡単に割って中身を食べてしまいます。「コンゴウインコ（金剛鸚哥）」という名前は、光り輝く美しい羽の色が、金剛石（ダイヤモンド）を連想することからつけられたという説があります。飼育すると上手に人の声をまねる特技も持っています。

コサギ

学名：*Egretta garzetta*
サギ科

一般にはシラサギと呼ばれますが、シラサギにもいろいろ種類があります。そのシラサギの仲間で、アマサギに次いで小さいのが、このコサギです。ヨーロッパ、アフリカ、アジア、オーストラリアなど、とても広い地域に分布しています。日本では本州以南で繁殖しています。

コクチョウ

学名：*Cygnus atratus*
カモ科

オーストラリアとニュージーランドにすむハクチョウの仲間です。全長140cm、体重8kgほどもあるとても大きな鳥で、湖や海辺で見られます。ハクチョウの仲間ですが、渡りをする習性はありません。日本でも公園などで飼育されていて、逃げ出した鳥がニュースになることがあります。

オオハクチョウ

学名 : *Cygnus cygnus*
カモ科

写真は、オオハクチョウが着水するところです。体重が10kg近くあるこの鳥は、飛び立つときも着水するときもなかなか大変。離陸時は、助走で勢いをつけなければ飛び上がることができません。また、着水するときは、脚の指の間にある水かきを大きく広げてブレーキをかけ、滑るように水に降ります。

タンチョウ

学名：*Grus japonensis*
ツル科

日本最大の鳥で全長130cmほどです。タンチョウは漢字で「丹頂」と書きますが、これは頭のてっぺんが赤いという意味です。頭の赤い部分は、羽毛が生えておらず、皮膚の色が見えています。繁殖地として北海道の釧路湿原が有名ですが、根室地方や十勝地方でも子育てしています。また、日本国外でも、ロシア沿海地方や中国東北部のおもにアムール川とウスリー川流域に繁殖地があります。

ホオジロカンムリヅル

学名 : *Balearica regulorum*
ツル科

アフリカ南部に生息するツルの一種です。カンムリヅル類は原始的なツルの仲間で、現在はアフリカにしかいませんが、化石では北アメリカやヨーロッパ、アジアからも発見されています。オス、メスともに頭に金色のぼわぼわした冠のような飾り羽が生えています。名前の通り、白い頬が目立ち、赤い肉垂れが特徴的です。ウガンダの国鳥です。

タンチョウ

学名：*Grus japonensis*
ツル科

ペアで飛行するタンチョウです。手前の大きい方がオスで、その奥の小さい方がメスです。本種は、一度ペアになると相手が死なない限り、一生相手を変えないといわれています。基本的に大きな鳥は子育てに時間がかかり、オスもメスも相手を変えることを繰り返していては子育てができなくなるので、ペアの絆が強くなっていると考えられています。

タンチョウ

学名 : *Grus japonensis*
ツル科

日本のタンチョウは渡りをする習性がなく、一年中北海道の東部で暮らしています。一方、アムール川やウスリー川で繁殖する個体群は、渡りをする習性があり、冬になると中国や朝鮮半島へ移動します。なかでも朝鮮半島の越冬地は、北朝鮮と大韓民国の軍事境界線付近にある非武装地帯にあります。人の活動が制限されているため、ツルが安心して過ごせる重要な場所になっているのです。

ハクガン

学名：*Anser caerulescens*
カモ科

ガン類独特の雁行（がんこう）と呼ばれる編隊を組んで飛んでいるところです。このようにそれぞれが斜め後方に位置する隊列は、風の抵抗を少なくすることができ、消費エネルギーを節約して飛行できます。雁行は数家族が集まって飛んでいるにすぎず、とくにリーダーなどはいません。したがって、風の抵抗を受ける先頭は、時々交代します。

ショウジョウトキ
学名 : *Eudocimus ruber*
トキ科

コロンビア、エクアドル、ベネズエラ、ガイアナ、ブラジル沿岸部に生息する美しいトキの仲間です。全長は60cmほどです。近縁種であるシロトキや数種のサギ類と一緒に集団繁殖する習性があります。トリニダード・トバコの国鳥です。

ホオジロカンムリヅル

学名 : *Balearica regulorum*
ツル科

ツルの仲間は通常、木の枝に止まることはできませんが、本種はよく木の枝に止まります。これは、足の後ろ向きの指が長く、枝をしっかりとつかむことができるからです。この鳥が暮らすアフリカのサバンナには肉食動物が多く、地上で休んでいると食べられてしまいます。木の上に止まることができた鳥が生き残ってきた結果、今ではツルのなかで本種とカンムリヅルだけが、枝に止まる種類となっています。

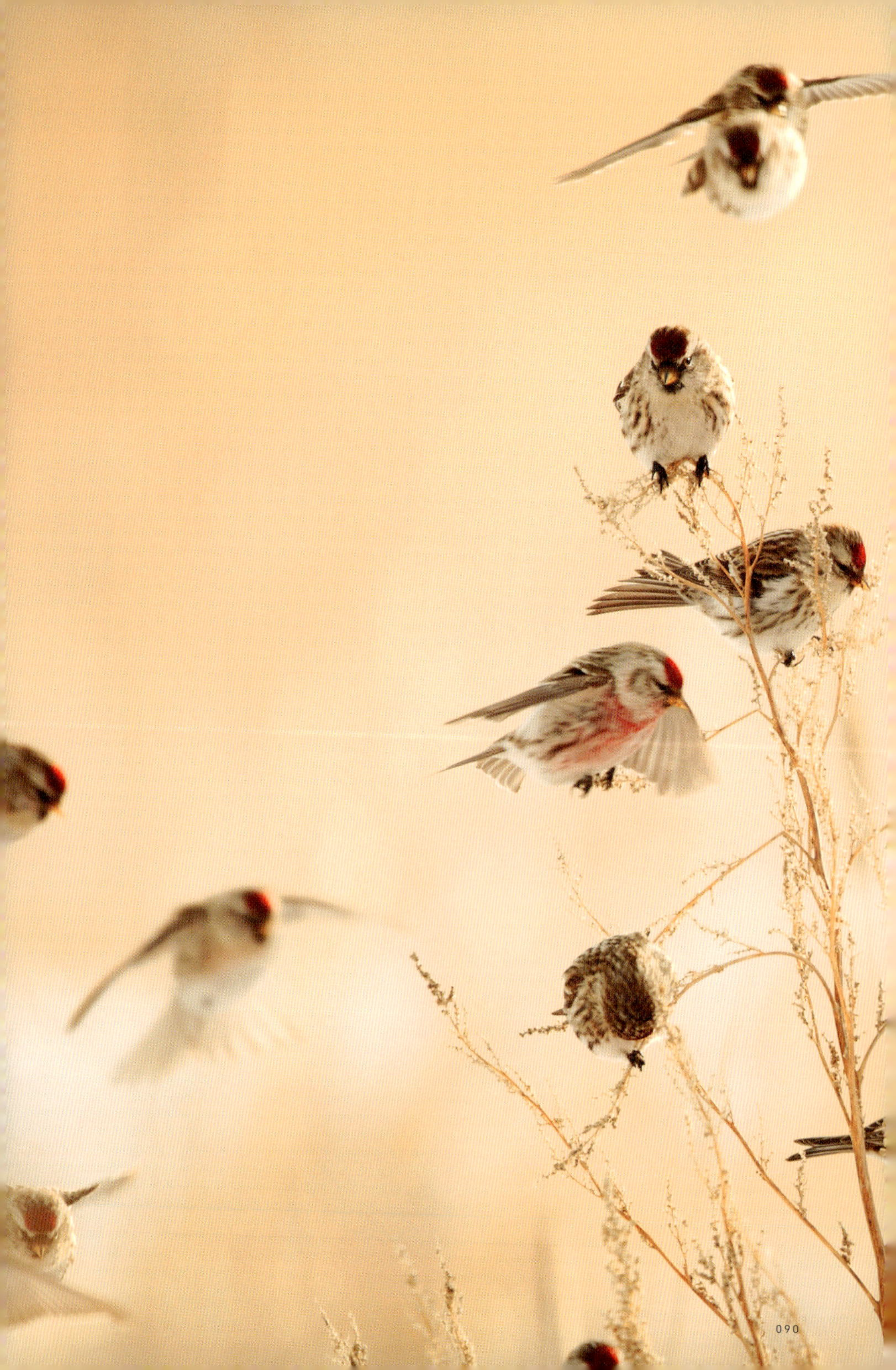

ベニヒワ

学名 : *Carduelis flammea*
アトリ科

冬の草原に草の種子を食べにきたベニヒワの群れです。全長13cmほどの小鳥です。胸や腹に赤みがあるのがオス。日本では冬鳥として、北海道や本州に渡ってきます。北海道では海岸や平地などの草原で見られますが、本州では山の中で群れに出会います。

右：**シメ**
学名：*Coccothraustes coccothraustes*
アトリ科

左：**マヒワ**
学名：*Carduelis spinus*
アトリ科

右の大きい鳥がシメで、左の黄色い鳥がマヒワ。どちらもアトリ科の鳥です。草原で草の種を食べていたところ、驚いて飛び立ったようです。写真をよく見るとシメは草の種をくわえているのが見えます。シメは、ユーラシア大陸に広く分布し、日本には冬越しで訪れるものがほとんどですが、一部は北海道や本州中部以北の森林で繁殖しています。

キレンジャク

学名：*Bombycilla garrulus*
レンジャク科

全長20cmほどの美しい小鳥です。北半球の広い範囲に生息していて、日本でも冬に見られます。写真は、ナナカマドの実を食べにきたところです。この鳥はとにかく果実が大好物で、越冬する場所は、果実の存在によって決まります。したがって、日本よりも北の地域に果実が豊富にあれば、そこで越冬してしまうため、日本にまったく渡ってこない年もあります。

ルリツグミ

学名 : *Sialia sialis*
ツグミ科

カナダ南部から、西部を除くアメリカ全域に分布する、全長18cmほどの小鳥です。英名は「イースタン・ブルーバード」といい、アメリカでは春告げ鳥として人気がある青い鳥です。木がところどころに生えているような農耕地で見られ、木の穴の中に巣を作りますが、巣箱をかけてやるとよく利用します。ニューヨーク州とミズーリ州の州鳥です。

アオガラ

学名：*Cyanistes caeruleus*
シジュウカラ科

アオガラは、オスもメスもまったく同じ色で見分けがつきません。ところが最近の研究では、頭部の紫外線の反射の仕方がオスとメスで異なっていることがわかり、紫外線が見える鳥の目を通して見ると、オスとメスが違った色に見えているのではないかと考えられています。

ショウジョウコウカンチョウ

学名 : *Cardinalis cardinalis*
ショウジョウコウカンチョウ科

アメリカの大リーグ「セントルイス・カージナルス」のマスコットがこの鳥です。アメリカではとても人気があり、イリノイ、インディアナ、ケンタッキー、ノースカロライナ、オハイオ、バージニア、ウエストバージニアの七つもの州で州鳥に指定されています。

ムネアカコウカンチョウ

学名: *Cardinalis sinuatus*
ショウジョウコウカンチョウ科

砂漠に棲むこの鳥はほとんど水を飲まず、食べ物の昆虫や種子から水分を得ています。ある観察記録によると、気温が47℃にも達したとても暑い日に、人家のエアコンから出る涼しい風で涼んでいたという報告があります。

マヒワ

学名 : *Carduelis spinus*
アトリ科

ユーラシア大陸に広く分布する全長約12cmの小鳥です。ヨーロッパからウスリー地方、中国東北部、サハリンなどで繁殖し、冬は南に渡って越冬します。日本では、ほとんどが冬鳥として渡ってきますが、一部は北海道で繁殖しています。写真の鮮やかな黄色の鳥はオスで、メスは黄色味が少なく地味な色合いです。

ニシコウライウグイス

学名：*Oriolus oriolus*
コウライウグイス科

夏はヨーロッパ各地で繁殖し、冬はアフリカ南部へ渡る全長25cmほどの鳥です。この写真はメス。オスは翼が黒く、翼以外は全身が鮮やかな黄色の羽です。明るい林や公園でも見られる鳥で、よく響く笛のような声で鳴きます。

ツグミ

学名 : *Turdus naumanni*
ヒタキ科

日本には冬鳥としてやってくる小鳥で、全長は24cmほどです。繁殖地はカムチャッカ半島やロシア中央部で、越冬地は日本や韓国、中国南部です。渡ってきたばかりの頃は、おもに樹木の果実を食べていますが、食べ尽くしてしまうと地上に降りて、地中にいる昆虫やミミズなどを食べます。

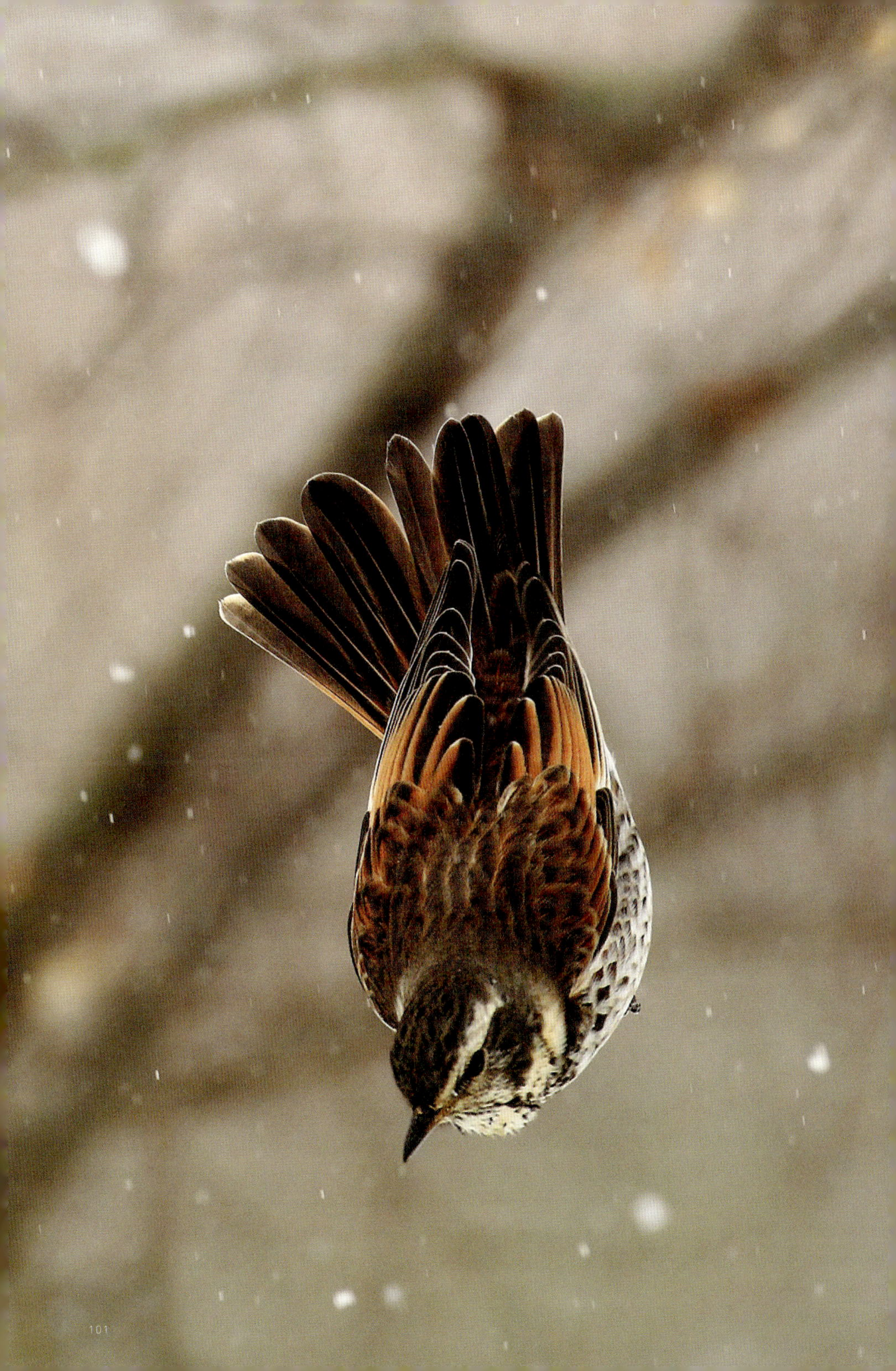

ハクセキレイ

学名：*Motacilla alba*
セキレイ科

白と黒のスマートなセキレイの仲間です。尾羽を絶えず上下に振っているのが特徴です。ユーラシア大陸に広く分布し、北部ヨーロッパで繁殖する鳥は、アフリカ中央部赤道近くで越冬することが明らかになっています。本種は、かつて関東地方などでは冬鳥でしたが、近年は一年中いるようになり、繁殖しています。

マツノキヒワ

学名 : *Spinus pinus*
アトリ科

北米に分布しているヒワの仲間。名前の通り、マツなどの針葉樹の種子が大好きです。この鳥の存在は、マツなどの種子のでき具合で決まり、種子が豊富な場所を探して、毎年異なる場所を訪れます。冬は大きな群れになります。

カケス

学名：*Garrulus glandarius*
カラス科

森林に生息するカラス科の鳥で、全長33cmほどです。ユーラシア大陸に広く分布し、日本では北海道から屋久島までの山地の森、冬は平地の森でも見られます。ドングリが大好物で、地中に埋めて隠し、あとで食べる習性があります。そのほか昆虫や鳥の卵なども食べます。濁った「ジェジェジェ」と聞こえる声で鳴き、ときにはほかの鳥の声をまねて発声することもあります。

ハシボソキツツキ

学名：*Colaptes auratus*
キツツキ科

北米に広く分布するハシボソキツツキには10もの亜種があり、翼の羽の軸の色が異なっています。本種は羽の軸が赤くなる亜種で、「アカハシボソキツツキ」という和名で呼ばれます。写真は、ちょうど母親が巣から飛び立ち、巣穴からは巣立ち間際のひなが顔を出しているところです。

ズアオアトリ

学名 : *Fringilla coelebs*
アトリ科

おもにヨーロッパに棲む、全長14cmほどの鳥です。都市の庭や公園などにも普通にいる種類で、草の種子や木の実、昆虫などを食べています。頭部が青みがかった灰色をしていることから、この名前がつきました。日本でも、1990年に北海道の利尻島で一度だけ観察された記録があります。

アオカワラヒワ

学名：*Chloris chloris*
アトリ科

ヨーロッパや北アフリカ、中近東に分布する小鳥です。日本で見られるカワラヒワよりも、全体的に灰色がかっていて青っぽいので、この名前がつけられました。街の中で普通に見られる鳥で、公園の木や街路樹などに巣を作り、子育てします。庭の餌台にもよく訪れます。ヒマワリの種が大好物です。

シロフクロウ

学名：*Bubo scandiacus*
フクロウ科

北極圏に棲む全長60cmほどの大形のフクロウ。この鳥はメスで、黒い斑点が特徴です。オスは斑点模様がほとんどなく、全身が白い羽です。ネズミの仲間のレミングが主食で、レミングの個体数が多い年は、シロフクロウのひなの数が多くなる傾向があります。

シロフクロウ

学名：*Bubo scandiacus*
フクロウ科

フクロウ類の風切り羽の縁は、細かくのこぎり状になっており、飛んだときに風が乱れて羽音がしないようになっています。多くのフクロウ類は、夜の暗闇の中で獲物を捕らえます。このとき音がしては獲物に逃げられてしまうので、このような仕組みが発達したのです。しかし、シロフクロウは、一日中日が沈まない明るい環境で狩りをするので、羽音を消す必要がないため、この仕組みがありません。

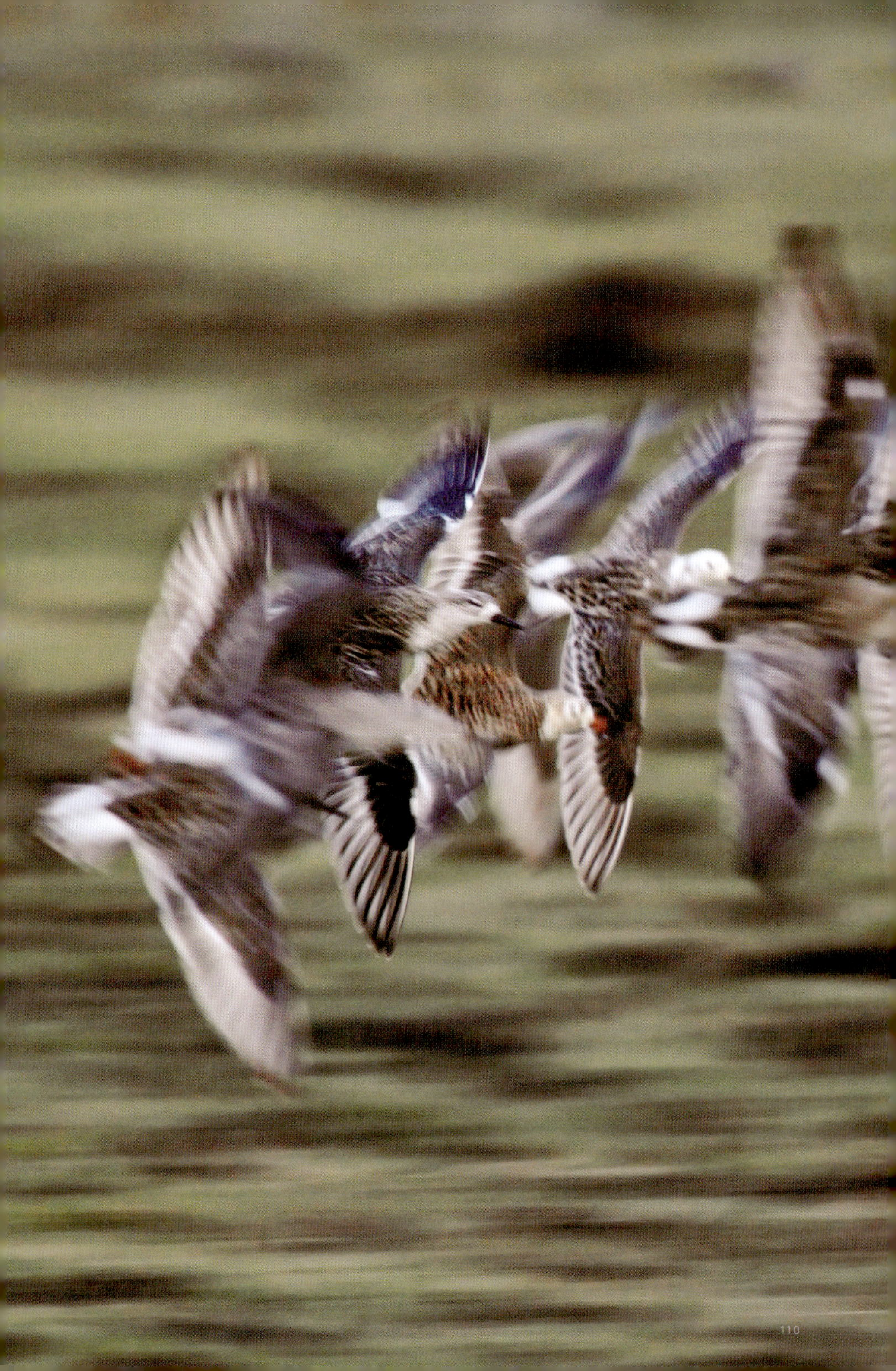

エリマキシギ

学名：*Philomachus pugnax*
シギ科

冬羽のエリマキシギの群れです。シギの仲間の多くは渡り鳥で、移動するときは群れで飛びます。多くの個体が一緒に行動することで、天敵に狙われたときに自分が襲われる確率が減るので、群れになるという説があります。

マガモ

学名：*Anas platyrhynchos*
カモ科

北半球の広い地域で見られるカモです。日本には冬鳥として渡来する個体がほとんどですが、本州の標高の高いところや北海道では繁殖しています。オスは、頭が緑色で派手な体色をしていますが、メスは褐色の地味な色をしています。本種を品種改良して家禽としたのがアヒルです。

ミカヅキシマアジ

学名 : *Anas discors*
カモ科

北米大陸で繁殖し、中米から南米北部で越冬するカモです。日本にも渡来するシマアジというカモの仲間で、オスの顔にある白い模様が三日月のような形をしているので、この名前がつきました。

カンムリカイツブリ

学名：*Podiceps cristatus*
カイツブリ科

ユーラシア、アフリカ、オーストラリアに広く分布する大形のカイツブリの仲間。オスもメスもともに、冠のような飾り羽が頭にあるのでこの名前がつけられています。また、顔には橙色の飾り羽があり、威嚇や求愛のときに広げてアピールします。しかし、この飾り羽があるのは繁殖期間だけで、繁殖期が終わると抜けてしまいます。写真は、縄張りに侵入した別のカンムリカイツブリを威嚇しているところです。

カンムリカイツブリ

学名 : *Podiceps cristatus*
カイツブリ科

カンムリカイツブリは、日本でも観察することができる鳥ですが、冬にくるので、繁殖期の美しい飾り羽の姿はなかなか見られません。暖かくなりはじめる2月下旬ごろには、ようやく飾り羽のある個体がちらほらと見えはじめるのですが、もっと美しくなると期待する頃には渡っていってしまいます。ところが、ここ数年、青森県のため池や、茨城県の霞ヶ浦、滋賀県の琵琶湖では、春になっても渡らずに、繁殖する鳥があらわれ、繁殖期特有の豪華な飾り羽をまとった姿が観察できるようになりました。

セイタカシギ

学名：*Himantopus himantopus*
セイタカシギ科

ユーラシアとアフリカに棲む、名前のように脚がとても長い、背高のっぽの水鳥です。全長40cmほどで、脚を含めると55cmほどあります。この長い脚をいかして、深い水の中まで立ち入り、細いくちばしで甲殻類や藻類をつまみ取って食べます。日本では、かつては数年に一度、姿を見せるとても珍しい鳥でしたが、1960年代からは毎年出現するようになり、現在では東京湾や愛知県などでごく普通に繁殖する鳥になっています。

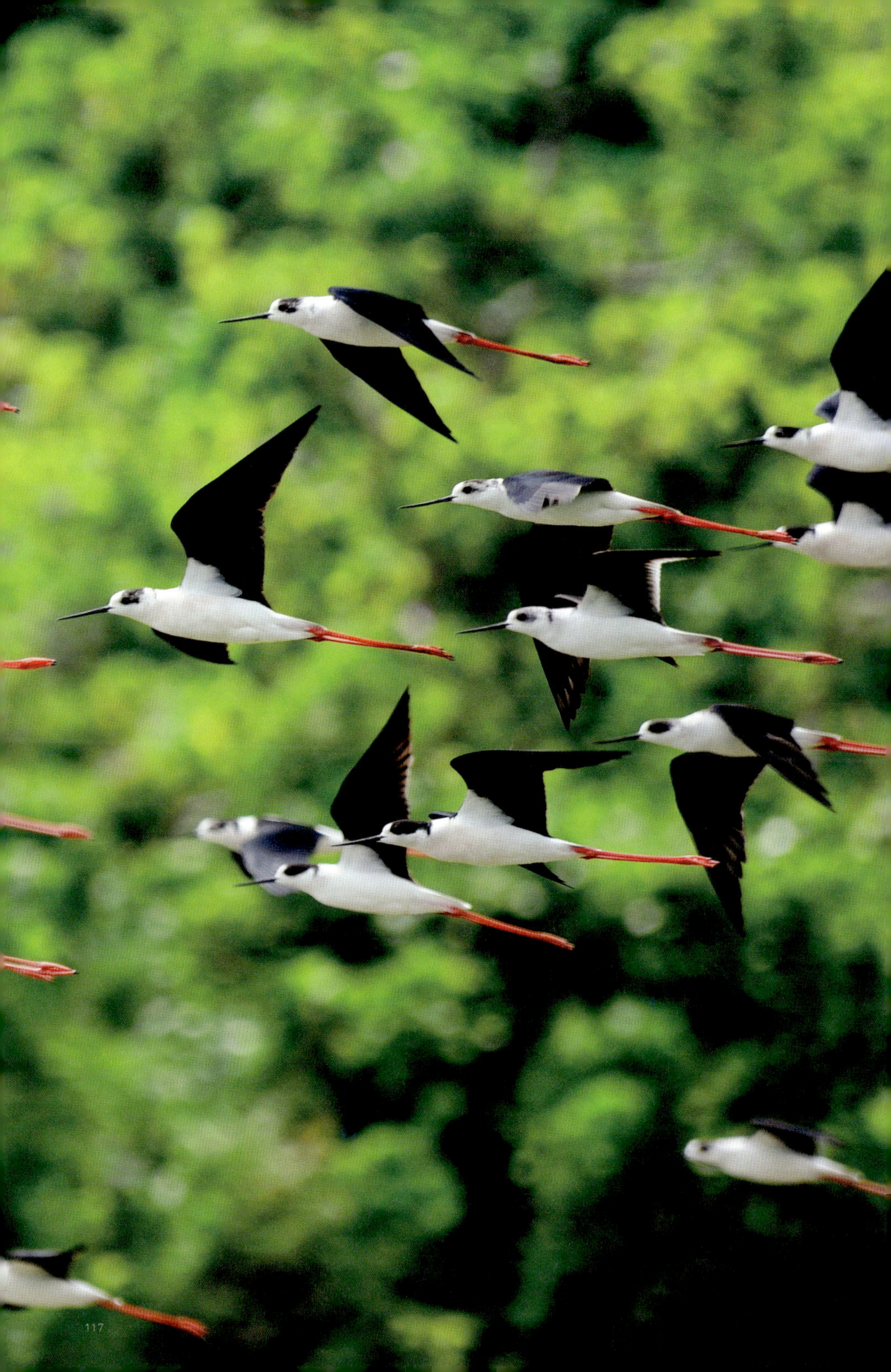

ツバメ

学名 : *Hirundo rustica*
ツバメ科

ツバメは、人家の軒下や屋内の壁に、土と枯れ草を唾液で固めて椀形の巣を作ります。実はツバメの巣は世界中どこでも同じで、人工物以外に作られた巣はありません。これは、ツバメが人をガードマン代わりに利用しているためで、人家を繁殖場所として選べば、タカやカラスなどの天敵が近づきにくいことを知っているからです。したがって、ツバメは世界中でもっとも身近な鳥として親しまれており、オーストリアとエストニアでは国鳥に指定されています。

コシアカツバメ

学名：*Hirundo daurica*
ツバメ科

地中海沿岸、中央アジア、中国、日本、インドなどで繁殖し、東南アジアやアフリカで越冬するツバメの仲間です。腰が赤褐色なのが特徴。土と枯れ草で、とっくりのような形の巣を作ります。本州以南で繁殖しますが、北海道でも一部繁殖する地域があります。残念ながらここ数年、日本各地の繁殖地は減少傾向にあるようです。

イワツバメ

学名 : *Delichon dasypus*
ツバメ科

日本、沿海州、朝鮮半島、中国などで繁殖し、東南アジアで越冬します。日本には夏鳥としてやってきますが、東海地方より西では、越冬している地域もあります。山や海岸の岩場に、集団で巣を作って繁殖することがイワツバメの名の由来ですが、最近は岩場よりもコンクリート製の構造物に営巣することのほうが、圧倒的に多くなっています。

ショウドウツバメ

学名 : *Riparia riparia*
ツバメ科

ユーラシア大陸の広い範囲で繁殖し、アフリカや東南アジアで越冬するツバメです。国内では、北海道で繁殖しています。川沿いや海岸などの土の崖に巣穴を掘り、集団で繁殖します。その習性から「小洞燕」という名前がつきました。春と秋の移動の時期には、本州以南でも姿を見かけることがあります。

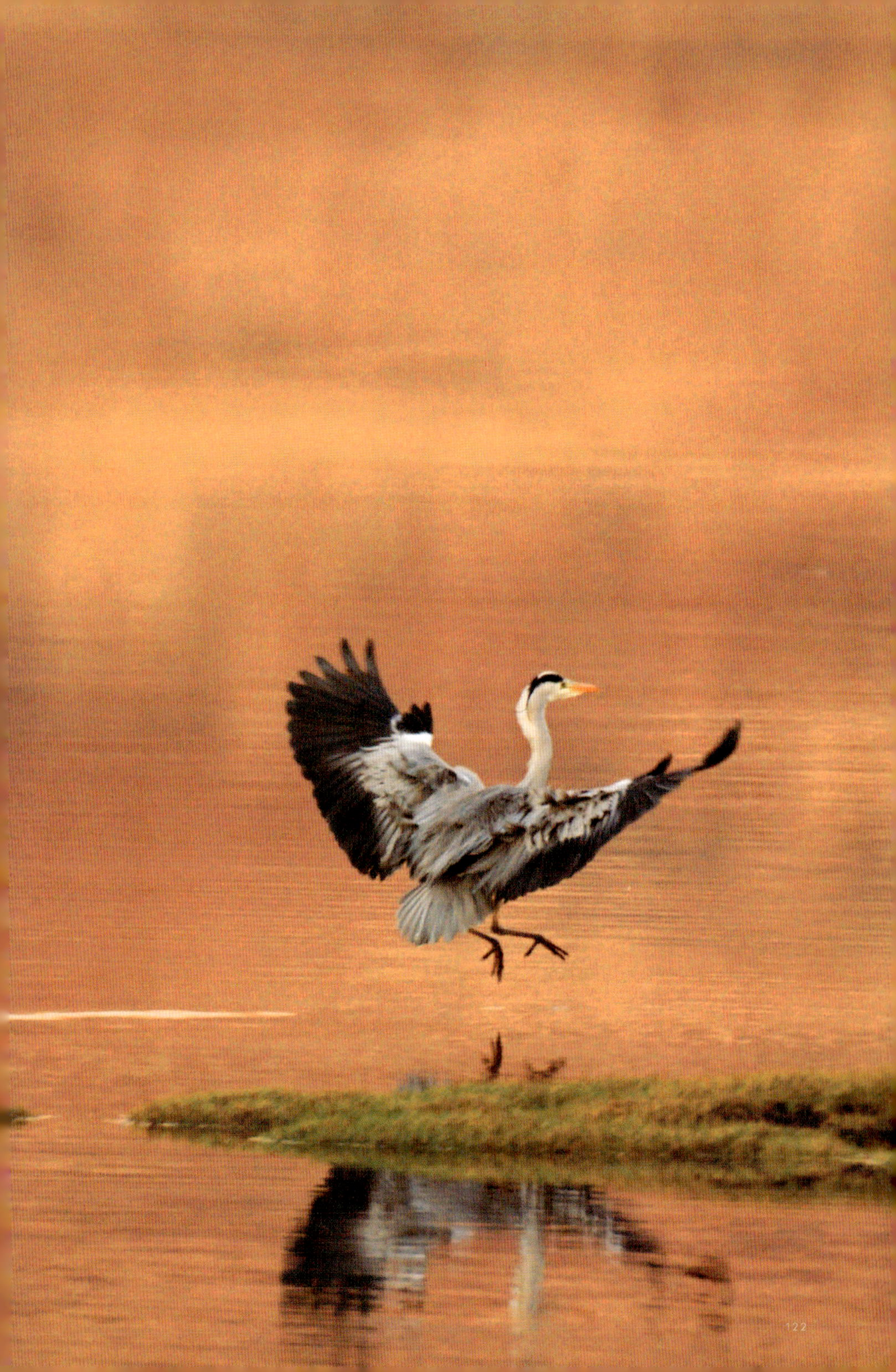

アオサギ

学名 : *Ardea cinerea*
サギ科

ユーラシア大陸とアフリカの広い地域に分布するサギです。青みがかった灰色の姿なので、アオサギという名がつきました。1m近くもある大きなサギなので、よくツルに間違われます。北海道から九州まで分布し、北海道ではほとんどが夏鳥で、九州では冬鳥です。ほかのサギと一緒に集団繁殖します。

ミヤコドリ

学名：*Haematopus ostralegus*
ミヤコドリ科

スカンジナビア半島沿岸部や東ヨーロッパ、カムチャッカ半島や沿海州などで繁殖し、ヨーロッパやアフリカ大陸、中近東からインド、日本にかけての沿岸で越冬する、シギに似た水鳥です。アサリなどの二枚貝が主食なので、貝がいる干潟や砂浜で見られます。日本では、とても珍しい鳥でしたが、東京湾や九州北部などでは毎年数十羽が越冬するようになりました。赤く長いくちばしは厚みがなく、二枚貝の殻のすき間に差し込んで、こじ開けられるようになっています。

トキ

学名：*Nipponia nippon*
トキ科

かつては日本をはじめ、ウスリー地方、中国、朝鮮半島に分布していましたが、ほとんどの地域で絶滅。日本でも1981年に佐渡島のトキが捕獲され、絶滅してしまいました。現在では中国の一部に百数十羽ほどが生息するだけです。佐渡島では、環境省が中国のトキを人工繁殖して増やし、野生復帰のための放鳥が行われています。

アマサギ
学名：*Bubulcus ibis*
サギ科

日本で見られる一番小形のシラサギで、全長50cmほどです。日本には夏鳥として渡ってきて、本州、四国、九州で繁殖します。完全な夏羽になると頭や首、背中などが明るい橙色になります。この色が種名の由来ですが、亜麻色と飴色の二つの説があります。

エリマキシギ

学名：*Philomachus pugnax*
シギ科

ユーラシア大陸の北部で繁殖し、アフリカやインドで越冬するシギの仲間です。オスの夏羽では、頭や首、胸にかけて襟巻きのような飾り羽が生えます。繁殖期には、レックと呼ばれる特定の場所に数羽のオスが集まり、飾り羽や翼を広げたり、飛び上がったりして求愛のダンスを踊ります。メスはその中の1羽と交尾をすると、別の場所に移動します。巣作りから抱卵などの子育ては、すべてメスだけで行います。

シュバシコウ

学名：*Ciconia ciconia*
コウノトリ科

昔話で赤ちゃんを運んでくるといわれるのがこの鳥。ヨーロッパでは、家の屋根や高い棟のてっぺんに大きな巣を作って子育てするので、そんな伝説が生まれたといわれます。また、この鳥が営巣した家には幸福が訪れるという言い伝えもあり、各地で大切にされています。

シュバシコウ

学名：*Ciconia ciconia*
コウノトリ科

巣立ち間際のシュバシコウのひなです。巣には4羽のひながいますが、これはシュバシコウの一つの巣あたりの平均的な数です。ひなは孵化から2カ月ほどで巣立ちを迎えますが、巣立ち後、独立して繁殖年齢に達するのに4年かかります。寿命は30年ほどですが、飼育下で35年生きた記録もあります。

アオサギ

学名 : *Ardea cinerea*
サギ科

カバの上に降り立とうとしているアオサギです。アオサギにとってカバは、岩とあまり変わらないのでしょう。この鳥は岸辺の岩や木の枝などに止まって、じっと水面を見つめ、近づいてきた魚を長いくちばしで素早く捕らえます。大きな魚のときには、くちばしで突き刺して捕らえることもします。獲物は魚だけでなく、大きなカエルやネズミ、ときには鳥のひなも食べてしまいます。

コサギ

学名 : *Egretta garzetta*
サギ科

私たちにとって、もっとも身近なシラサギであるコサギは、魚を好んで食べるサギです。その体は、魚を捕らえるのに適したつくりをしています。長い首はバネのような動きを生み出し、細く長いくちばしで素早く魚を捕らえることができます。細長い頭は、水の抵抗を極力抑える形状をしています。長い脚で、水深のある場所まで立ち入ることもできます。黄色い脚は水中でよく目立ち、水草や泥の中に逃げ込んだ魚を追い出すときに効果を発揮します。

ユキコサギ
学名：*Egretta thula*
サギ科

本種は、繁殖期になると頭や翼、腰の部分にレースのような飾り羽が生えます。18世紀のアメリカでは、帽子にこの鳥の飾り羽をつけることが流行しました。羽の価格が純金と同等だったため、乱獲によって個体数が激減し、一時は絶滅が危ぶまれました。しかし、国が法整備を行い保護した結果、個体数は回復し、絶滅を免れました。

オオアオサギ

学名：*Ardea herodias*
サギ科

池や川、海岸、湿地などに生息するサギです。北米の広い範囲に分布し、分布域の大半では一年を通して見られますが、カナダやアメリカ北部など寒冷地の鳥は、南へ渡る習性があります。中米やベネズエラでは冬鳥です。また、ガラパゴス諸島には固有の亜種がいます。とても大きなサギで、日本に生息する近縁種のアオサギよりもさらに大きく、全長は130cmほどもあります。

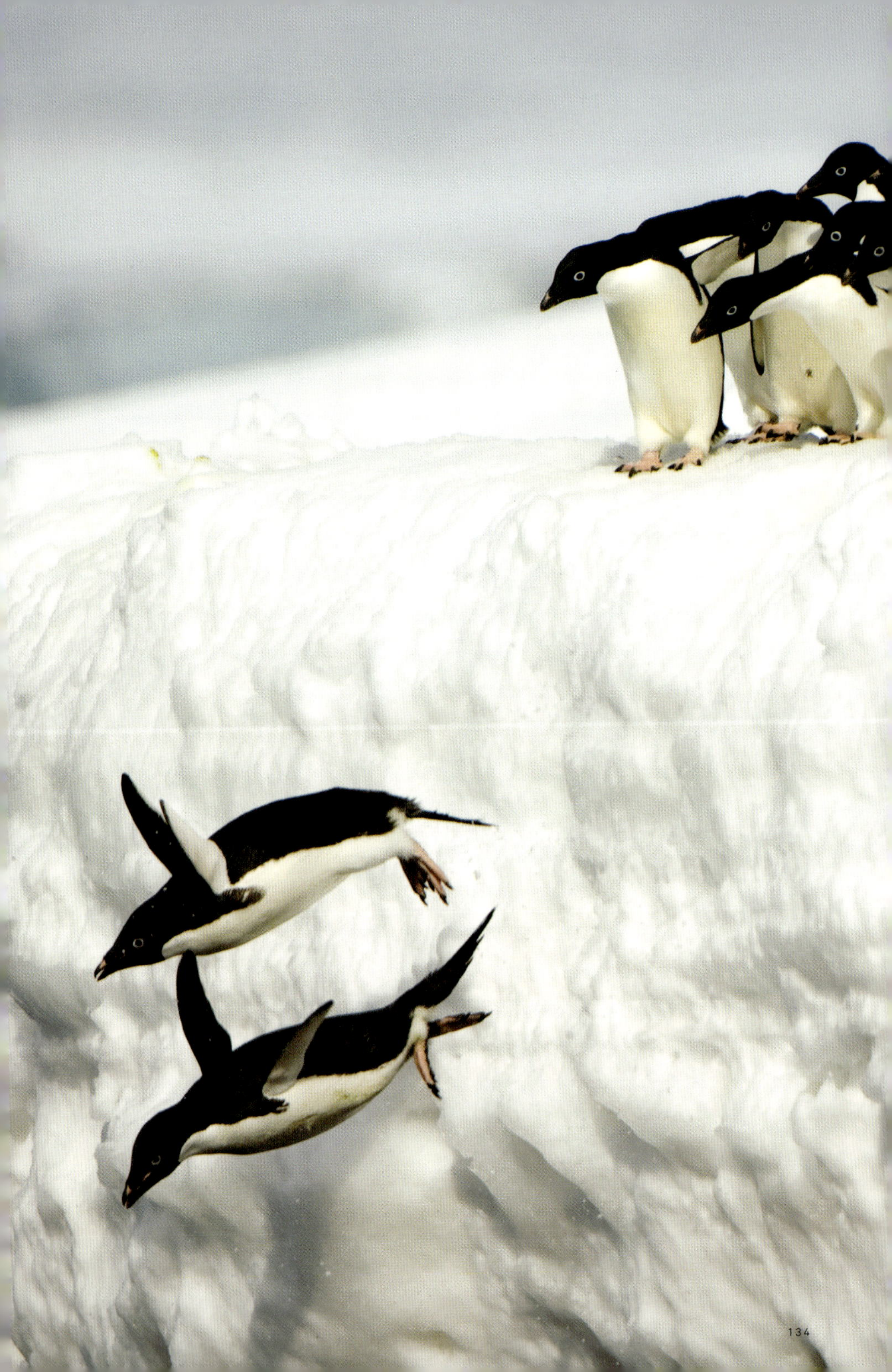

アデリーペンギン

学名：*Pygoscelis adeliae*
ペンギン科

南極大陸とその周辺の島に生息する全長70cmほどのペンギンです。ペンギンというと南極大陸で子育てしている印象がありますが、実際には、17種いるペンギンのうち、南極で繁殖するのはこのアデリーペンギンとコウテイペンギン、ジェンツーペンギン、ヒゲペンギンの4種だけです。なかでも本種は、南極大陸の沿岸部で繁殖するため、南極観測の基地近くで見られることが多く、テレビ番組などにもよく登場します。

コウテイペンギン

学名：*Aptenodytes forsteri*
ペンギン科

世界最大のペンギンで、大きなものは全長120cm、体重45kgほどにもなります。写真は海の中で魚やオキアミなどの餌を食べ、氷の上に戻ってきたところです。体重が45kgにもなるコウテイペンギンが、ロケットのように勢いよく水中から飛び出すためには、普通に泳いでいては速度が足りません。最新の研究では、羽毛にためていた空気を細かい泡にして体を包み、水の抵抗を少なくしていることがわかりました。そうすることで、泳ぐ速度を通常の3倍も上げることができ、海の中から勢いよく飛び出すことができるのです。

ジェンツーペンギン

学名 : *Pygoscelis papua*
ペンギン科

南極大陸のまわりに広がる南極海に点在する島々で繁殖するペンギンです。ごく少数は南極半島でも繁殖しています。全長は80cmほどで、ペンギンの仲間ではコウテイペンギン、オオサマペンギンに次いで3番目の大きさです。おもな食べ物はオキアミで、魚やイカなどを食べることもあります。オキアミを捕るときは約50mの深さまで、魚を捕るときは約100mの深さまで潜水します。

ウミガラス

学名 : *Uria aalge*
ウミスズメ科

太平洋や大西洋の北部に分布する、全長40cmほどの大きさの海鳥です。写真は、ちょうど集団繁殖地に戻ってきたところです。本種は、海に面した断崖絶壁に超過密状態で集団繁殖し、たった1m²に20ペアがいたという記録もあります。巣は作らず、卵を岩の上にごろんと産みます。卵は洋なし型をしていて、とがったほうを中心にクルクルと回り、岩から落ちにくくなっているといわれています。

エトロフウミスズメ

学名：*Aethia cristatella*
ウミスズメ科

全長24cmほどのウミスズメの仲間で、北太平洋の寒帯〜亜寒帯の海に棲みます。額にある前方に飛びだした飾り羽が、この鳥のトレードマークです。この羽は夏羽、冬羽共通で、一年中生えています。日本では冬鳥として北海道、本州北部の沖合で見られ、ときには数千羽の大群が出現することもあります。

ミヤコドリ

学名 : *Haematopus ostralegus*
ミヤコドリ科

古くからミヤコドリと呼ばれる鳥には、この鳥のほかにカモメ科のユリカモメがいます。万葉集や伊勢物語、古今和歌集に出てくるミヤコドリは、ユリカモメのことなのか、それともこのミヤコドリのことなのか、さまざまな説があり、これまで議論されてきました。少なくとも江戸時代には、ユリカモメではなく本種をミヤコドリと呼んだことが明らかになっています。

シロエリハサミアジサシ

学名 : *Rynchops albicollis*
カモメ科

インドやネパールに分布する、大きさ40cmほどのハサミアジサシの仲間です。この鳥の狩りは、とてもユニークです。口を少し開け、下くちばしだけを水中に入れながら空を飛び、くちばしに触れた魚を捕らえます。狩りをするのは、魚が水面近くに浮いてくる夕方や早朝です。そのため、暗い中でもよく見えるように、目が大きいのもこの鳥の大きな特徴です。

ワタリアホウドリ

学名：*Diomedea exulans*
アホウドリ科

翼を広げた長さが3.5mを超える、世界最大級の海鳥です。南緯30〜60度の南半球の島々で繁殖します。写真は、ペアになったオスとメスが、卵を産む前に求愛のダンスを踊っている様子です。一度ペアになると、どちらかが死ぬまでずっと添い遂げます。子育てに時間がかかるので、2年に一度しか繁殖しません。とても長生きする鳥で、40年以上は生きるとされています。

アオアシカツオドリ

学名：*Sula nebouxii*
カツオドリ科

中米から南米の西海岸に分布するカツオドリの仲間です。その名の通り、脚は鮮やかな青色をしており、求愛のときに脚をもち上げてメスに見せたりします。同じ仲間に、脚が赤いアカアシカツオドリという別種もいます。ゴルフなどの競技では、最下位もしくは最下位から2番目の人を「ブービー」と呼びますが、これはカツオドリの英名です。

ミズナギドリの仲間

ミズナギドリ科

ミズナギドリの仲間はさまざまな能力を持ち、鳥の中でも一二を争うスーパーバードです。飛行能力が高く、細い翼でほとんど羽ばたくことなく、1日に100km以上もの距離を飛ぶことができます。潜水能力も高く、獲物を追って60mもの深さまで潜ることができるものもいます。陸上でも地中に1mものトンネルを掘って巣を作ります。陸、海、空のすべてを生活の場にする数少ない鳥なのです。

アフリカクロミヤコドリ

学名：*Haematopus moquini*
ミヤコドリ科

アフリカのナミビアから喜望峰にかけての海岸に生息する鳥で、全長45cmほどです。ミヤコドリの仲間は、英名では「オイスター・キャッチャー」といい、二枚貝のカキを食べる習性から名づけられました。実際には、カキだけでなく、アサリやハマグリなどの二枚貝が好物です。

147

アカメカモメ

学名: *Creagrus furcatus*
カモメ科

南米西海岸とガラパゴス諸島に分布するカモメで、全長60cmほどです。名前に「赤目」とついていますが、実際は目の周囲が赤いだけです。英名は「スワロー・テイルド・ガル」といい、スワロー(ツバメ)のような、V字に切れ込んだ尾羽が特徴的です。夜間に魚やイカを食べます。

アカメカモメ

学名 : *Creagrus furcatus*
カモメ科

カモメの仲間は、現在の分類では世界に102種がいます。日本でのカモメのイメージは海の鳥で、実際多くの種類が沿岸に生息します。しかし、海とは遠く離れた内陸に生息している種も多く、決して海の鳥というわけではありませんし、陸から遠く離れた大海原にいることもあまりありません。色や姿が似ている種類が多く、同じ種でも年齢によって特徴が変わるので、バードウォッチャーを悩ませる鳥でもあります。

シロハラトウゾクカモメ

学名 : *Stercorarius longicaudus*
トウゾクカモメ科

夏は北極圏で繁殖し、冬は南アメリカやアフリカの沿岸で越冬します。トウゾクカモメという名前の通り、ほかの鳥の獲物を横取りしますが、ネズミの仲間のレミングなどを自分で捕まえることも普通です。日本では旅鳥で、4月下旬から5月中旬にかけて太平洋沖で移動中の姿が見られます。

ゾウゲカモメ

学名：*Pagophila eburnea*
カモメ科

ゾウゲカモメの若鳥は、白い体に黒い斑点が散らばっているのが特徴です。また、顔は汚れたように黒くなっています。このような羽色の若鳥は、北極から離れた場所に迷ってくることがあり、日本でも青森県や千葉県などに姿を見せたことがあります。若鳥が全身真っ白の成鳥になるには、2年かかるといわれています。

サヤハシチドリ
学名：*Chionis albus*
サヤハシチドリ科

南極やその周辺の海に浮かぶ島に分布する鳥で、全長は40cmほどです。ペンギンのひなを襲ったりしますが、動物の死骸などにも群がる、いわゆるスカベンジャー（掃除屋）と呼ばれる習性を持っています。

ゾウゲカモメ
学名 : *Pagophila eburnea*
カモメ科

ゾウゲカモメの餌は、魚やオキアミなどの甲殻類、動物性プランクトンなどで、海の上をゆっくりとした羽ばたきで飛びながら、海面に浮いている餌を見つけて食べます。また、ホッキョクグマが食べ残したアザラシの死体なども食べ、北極の掃除屋の一面も持っています。

アマサギ

学名 : *Bubulcus ibis*
サギ科

現在、夏に本州でアマサギを見ることは珍しくなくなりました。本種はアフリカが起源ですが、世界各地で同様の傾向があり、農耕が広がるにつれて、世界中に生息分布を拡大していきました。今はアメリカ大陸にまで分布が到達しています。

ニシツノメドリ

学名：*Fratercula arctica*
ウミスズメ科

ニシツノメドリは、漢字では「西角目鳥」と書きます。角目とは、繁殖期になるとあらわれる、目の上の角のような付属物のことです。くちばしが美しいのも繁殖期の間だけで、そのほかの時期は地味な色に変わります。幼鳥のくちばしは小さく、成鳥のように大きくなるには4～5年かかります。

シラオネッタイチョウ

学名：*Phaethon lepturus*
ネッタイチョウ科

太平洋、インド洋、大西洋の熱帯・亜熱帯に棲む鳥です。尾羽がすっと伸びているのが特徴。ふだんはずっと海上にいますが、繁殖の時だけは島に上陸します。水中に飛び込んで、イカや魚などを捕らえて食べます。飛び込んだときの衝撃をやわらげるために、羽毛に空気をため込める層があります。

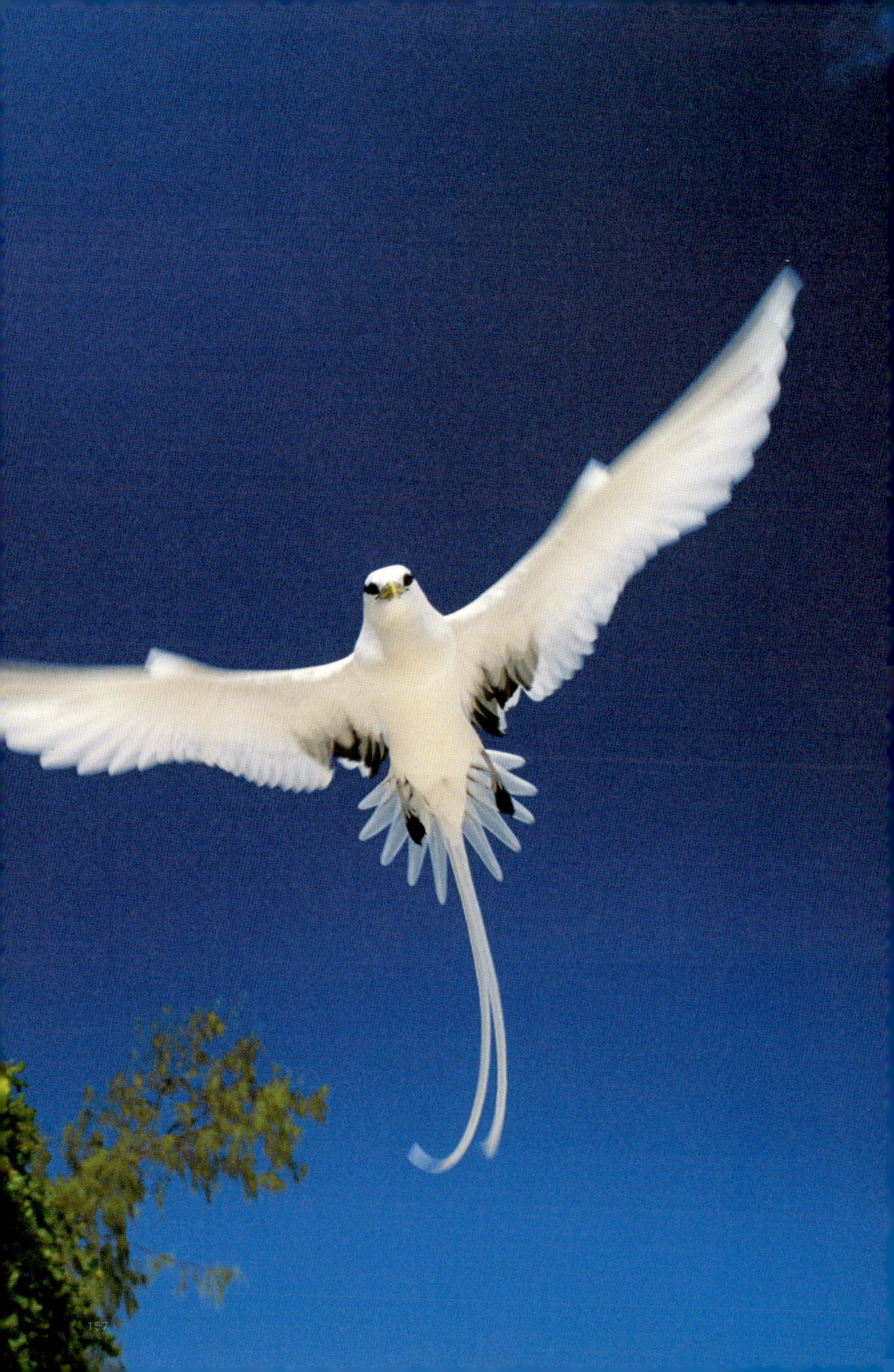

INDEX

※分類は、日本産鳥類は「日本鳥類目録改訂第7版」(日本鳥学会)に、外国産鳥類は「IOC World Bird List」(国際鳥類学会議)に準拠しています。

ア

アオアシカツオドリ	144
アオガラ	042・095
アオカワラヒワ	107
アオサギ	122・130
アオフウチョウ	073
アオミミハチドリ	031
アカオクロオウム	077
アカヒタイムジオウム	040
アカフトオハチドリ	004・005
アカミノフウチョウ	072
アカメカモメ	148・149
アデリーペンギン	134
アフリカクロミヤコドリ	146
アマサギ	126・154
アンナハチドリ	022・023
イワツバメ	120
インドクジャク	026・027
ウソ	003
ウミガラス	138
エトロフウミスズメ	140
エリマキシギ	110・127
エンビタイランチョウ	051
エンビハチクイ	059
オオアオサギ	133
オオハクチョウ	082
オオハナインコ	016・017
オオフウチョウ	066
オニオオハシ	038

カ

カケス	104
カササギ	056・057
カザリキヌバネドリ	012
カッショクペリカン	061
カワセミ	062・063
カンザシフウチョウ	070
カンムリカイツブリ	114・115
キイロアメリカムシクイ	045
キガシラムクドリモドキ	044
キジ	050
キバタン	021
キバラタイヨウチョウ	029
キレンジャク	093
ギンザンマシコ	032・033
コウゴウインコ	079
コウテイペンギン	136
コキンチョウ	048
コクチョウ	081
コサギ	080・131
コシアカツバメ	119
ゴシキセイガイインコ	074
ゴシキノジコ	006・007
ゴシキヒワ	015
コシジロインコ	076

サ

サヤハシチドリ	152
サンコウチョウ	065
ジェンツーペンギン	137
シメ	092
シュバシコウ	052・128・129
ショウジョウコウカンチョウ	046・096
ショウジョウトキ	088
ショウドウツバメ	121
シラオネッタイチョウ	156
シロアジサシ	008・009
シロエリハサミアジサシ	142
シロハラトウゾクカモメ	150
シロフクロウ	108・109
シロムネオオハシ	039
ズアオアトリ	106
ズグロミツドリ	028
スミレコウゴウインコ	020
セイタカシギ	116
ゾウゲカモメ	151・153

タ

タンチョウ	083・085・086
ツグミ	100
ツバメ	118
ツメナガセキレイ	035
テンニンチョウ	011
トキ	125
トサカレンカク	053

ナ

ナツフウキンチョウ	047
ニシコウライウグイス	099
ニシツノメドリ	155

ハ

ハクガン	087
ハクセキレイ	102
ハシボソキツツキ	036・105
ヒメヤマセミ	060
ヒヨクドリ	069
フキナガシハチドリ	010
ベニヒワ	090
ベニフウチョウ	068
ホオジロカンムリヅル	084・089
ホンセイインコ	078

マ

マガモ	112
マツノキヒワ	103
マヒワ	092・098
ミカヅキシマアジ	113
ミズナギドリの仲間	145
ミドリハチドリ	064
ミナミベニハチクイ	019
ミヤコドリ	124・141
ムジルリツグミ	049
ムネアカオウカンチョウ	054・097
ムラサキフタオハチドリ	030
モモイロインコ	055

ヤ

ヤシオウム	041
ユキコサギ	132
ヨーロッパシジュウカラ	002・043
ヨーロッパハチクイ	014・058

ラ

ライラックニシブッポウソウ	024・025
ルビートパーズハチドリ	018・034
ルリコンゴウインコ	075
ルリツグミ	094

ワ

ワキジロカンザシフウチョウ	071
ワタリアホウドリ	143

写　真　提　供

Sven Zacek/Foto Natura/Minden Pictures/アマナイメージズ（p2, 3, 104）
Tim Fitzharris/Minden Pictures/アマナイメージズ（p4）
Rolf Nussbaumer/NPL/アマナイメージズ（p5、46, 96）
NHPA/Photoshot/アマナイメージズ（p6, 44, 57, 60, 74, 119, 138-139）
JOEL SARTORE/National Geographic Stock/アマナイメージズ（p7, 20）
Sebastian Kennerknecht/ Minden Pictures/アマナイメージズ（p8）
高砂淳二（p9, 145, 156-157）
Bernard G. E. St. Aubyn/Science Source/アマナイメージズ（p10）
Jurgen and Christine Sohns/FLPA/Minden Pictures/アマナイメージズ（p11）
Konrad Wothe/Minden Pictures/アマナイメージズ（p12-13, 22, 58）
Danny Ellinger/ Foto Natura/Minden Pictures/アマナイメージズ（p14）
Laurie Campbell/NPL/アマナイメージズ（p15）
Gerard Lacz/Visuals Unlimited, Inc./アマナイメージズ（p16-17, 79）
Glenn Bartley/All Canada Photos/Corbis/アマナイメージズ（p18）
Theo Allofs/Corbis/アマナイメージズ（p19）
Stephen Dalton/Minden Pictures/アマナイメージズ（p21, 64, 75）
Diane McAllister/NPL/アマナイメージズ（p23）
Richard Du Toit/Minden Pictures/アマナイメージズ（p24, 59, 130）
Richard du Toit/Corbis/アマナイメージズ（p25）
Patricio Robles Gil/NPL/アマナイメージズ（p26）
Chase Swift/Corbis/アマナイメージズ（p27）
Murray Cooper/Minden Pictures/アマナイメージズ（p28, 39）
Martin Willis/Minden Pictures/アマナイメージズ（p29, 41）
Michael & Patricia Fogden/Minden Pictures/アマナイメージズ（p30-31）
Philip Friskorn/Minden Pictures/アマナイメージズ（p32-33）
Melvin Grey/NHPA/Photoshot/アマナイメージズ（p34）
Henny Brandsma/Minden Pictures/アマナイメージズ（p35）
Michael Quinton/Minden Pictures/アマナイメージズ（p36-37）
Steve Bloom/アマナイメージズ（p38）
Nicholas Birks/AUSCAPE/アマナイメージズ（p40）
Paul Sawer/FLPA/アマナイメージズ（p42）
Paul Miguel/FLPA/アマナイメージズ（p43）
Anthony Mercieca/Science Source/アマナイメージズ（p45, 47）
Photoshot/アマナイメージズ（p48）
Marie Read/NPL/アマナイメージズ（p49）
阿部光雄（p50, 100-101, 120, 121）
Cyril Ruoso/Minden Pictures/アマナイメージズ（p51）
Ramon Navarro/Minden Pictures/アマナイメージズ（p52）
Gianpiero Ferrari/FLPA/Minden Pictures/アマナイメージズ（p53）
FLPA,Des Ong/FLPA/Minden Pictures/アマナイメージズ（p54）
John Carnemolla/Corbis/アマナイメージズ（p55）
David Tipling/FLPA/Minden Pictures/アマナイメージズ（p56, 77）
Hugh Clark/FLPA/アマナイメージズ（p61）
Charlie Hamilton James/NPL/アマナイメージズ（p62）
Fritz Polking/Frank Lane Picture Agency/Corbis/アマナイメージズ（p63）
中本純市（p65, 116-117）
TIM LAMAN/National Geographic Stock/アマナイメージズ
（p66-67, 68, 69, 70, 71, 73, 85）
Otto Plantema/Photo Natura/Minden Pictures/アマナイメージズ（p72, 88）
Bruce Coleman/Photoshot/アマナイメージズ（p76）

Frank May/dpa/Corbis/アマナイメージズ（p78）
Tony Hamblin/FLPA/Minden Pictures/アマナイメージズ（p80）
Xinhua/Photoshot/アマナイメージズ（p81）
Dickie Duckett/FLPA/Minden Pictures/アマナイメージズ（p82, 106）
Kerstin Hinze/Minden Pictures/アマナイメージズ（p83）
Winfried Wisniewski/Minden Pictures/アマナイメージズ（p84, 127, 154）
CHOTARO/アマナイメージズ（p86）
Terry Eggers/Corbis/アマナイメージズ（p87）
Michel Denis-Huot/Hemis/Corbis/アマナイメージズ（p89）
井上大介/アマナイメージズ（p90-91）
Pal Hermansen/stevebloom.com/アマナイメージズ（p92）
東谷宏幸（p93）
Joe McDonald/Corbis/アマナイメージズ（p94）
Bach/Corbis/アマナイメージズ（p95）
Jim Zipp/Science Source/アマナイメージズ（p97, 103）
Andrew Parkinson/FLPA/Minden Pictures/アマナイメージズ
（p98, 122-123）
Wild Wonders of Europe/Nill/NPL/アマナイメージズ（p99）
Andrew Parkinson/FLPA/アマナイメージズ（p102）
Roberta Olenick/All Canada Photos/Corbis/アマナイメージズ（p105）
COLIN VARNDELL/SCIENCE PHOTO LIBRARY/アマナイメージズ（p107）
Miguel Lasa/stevebloom.com/アマナイメージズ（p108）
Louis-Marie Preau/NPL/アマナイメージズ（p109）
Krijn Trimbos/Foto Natura/Minden Pictures/アマナイメージズ
（p110-111, 114-115）
Martin Lukasiewicz/ National Geographic Stock/アマナイメージズ（p112）
Edward Myles/FLPA/Minden Pictures/アマナイメージズ（p113）
FLPA/アマナイメージズ（p118）
Danny Ellinger/Foto Natura/Minden Pictures/アマナイメージズ（p124）
戸塚学/アマナイメージズ（p125）
Roger Powell/NPL/アマナイメージズ（p126）
BOB GIBBONS/SCIENCE PHOTO LIBRARY/アマナイメージズ（p128）
Maurizio Lanini/Corbis/アマナイメージズ（p129）
Jasper Doest/Foto Natura/Minden Pictures/アマナイメージズ（p131）
GREG GARD/National Geographic Stock/アマナイメージズ（p132）
PETE RYAN/National Geographic Stock/アマナイメージズ（p133）
John Shaw/Science Source/アマナイメージズ（p134-135）
NPL/アマナイメージズ（p136, 143）
Steven Kazlowski/Science Faction/Corbis/アマナイメージズ（p137）
Kevin Schafer/Minden Pictures/アマナイメージズ（p140）
Bas van den Boogaard/Foto Natura/Minden Pictures/アマナイメージズ
（p141）
Harri Taavetti/FLPA/Minden Pictures/アマナイメージズ（p142）
Tui De Roy/Minden Pictures/アマナイメージズ（p144, 149）
Winfried Wisniewski/zefa/Corbis/アマナイメージズ（p146-147）
Pete Oxford/Minden Pictures/アマナイメージズ（p148）
Wayne Lynch/All Canada Photos/Corbis/アマナイメージズ（p150）
Rinie Van Meurs/Foto Natura/Minden Pictures/アマナイメージズ（p151）
Jan Vermeer/Foto Natura/Minden Pictures/アマナイメージズ（p152, 155）
Chris Schenk/Foto Natura/Minden Pictures/アマナイメージズ（p153）

編者

澤井聖一（さわい せいいち）

株式会社エクスナレッジ代表取締役社長、月刊『建築知識』編集兼発行人。生態学術誌（キュアノ・オイコス、鹿児島大学海洋生態研究会刊）・生物雑誌の編集者、新聞記者などを経て、建築カルチャー誌『X-Knowledge HOME』および住宅雑誌『MyHOME+』の創刊編集長を歴任。書籍『世界の美しい透明な生き物』『奇界遺産』『世界の夢の本屋さん』等を企画編集。

解説

柴田佳秀（しばた よしひで）

科学ジャーナリスト。1965年東京生まれ。東京農業大学卒。NHKの自然番組「生きもの地球紀行」「地球！ふしぎ大自然」など自然科学分野の番組を多数制作する。2005年からフリーランス。著作に『世界の美しい色の鳥』『世界のフクロウがわかる本』『講談社の動く図鑑MOVE 鳥』『カラスの常識』などがある。日本鳥学会会員、都市鳥研究会幹事。

装幀・デザイン

山田知子
（chichols）

編集協力

高野丈
（株式会社ネイチャー＆サイエンス）

世界の美しい飛んでいる鳥
愛蔵ポケット版

2015年7月21日　初版第1刷発行

発行者　澤井聖一
発行所　株式会社エクスナレッジ
　　　　〒106-0032
　　　　東京都港区六本木7-2-26
　　　　http://www.xknowledge.co.jp/

問合せ先　編集　TEL：03-3403-1609
　　　　　　　　FAX：03-3403-1875
　　　　　販売　TEL：03-3403-1321
　　　　　　　　FAX：03-3403-1829
　　　　　info@xknowledge.co.jp

無断転載の禁止
本書掲載記事（本文、写真等）を当社および著作権者の承諾なしに無断で転載（翻訳、複写、データベースへの入力、インターネットでの掲載等）することを禁じます。